芯片制造

材料制备·系统集成与产品封装

杜中一 ◎ 著

化学工业出版社

·北京·

内容简介

本书全面系统地介绍了电子产品制造全过程。内容包括电子产品制造概述、半导体材料制备、集成电路制造、集成电路封装、表面组装。全书以电子产品整个制造过程为线索，从最初的半导体材料制备讲起，通过集成电路制造及集成电路封装再到最后的表面组装，最终完成电子产品的生产。系统介绍了电子产品制造过程中的相关制造工艺、相关材料及应用等。

本书可以作为电子产品制造行业工程技术人员和技术工人以及电子技术爱好者的自学参考书。

图书在版编目（CIP）数据

芯片制造：材料制备·系统集成与产品封装 / 杜中一著. -- 北京：化学工业出版社，2025. 5. -- ISBN 978-7-122-47580-0

Ⅰ. TN430. 5

中国国家版本馆 CIP 数据核字第 2025MU7568 号

责任编辑：廉　静　　　　装帧设计：王晓宇
责任校对：边　涛

出版发行：化学工业出版社
（北京市东城区青年湖南街 13 号　邮政编码 100011）
印　　装：大厂回族自治县聚鑫印刷有限责任公司
710mm×1000mm　1/16　印张 14¼　字数 197 千字
2025 年 9 月北京第 1 版第 1 次印刷

购书咨询：010-64518888　　　　售后服务：010-64518899
网　　址：http://www.cip.com.cn
凡购买本书，如有缺损质量问题，本社销售中心负责调换。

定　　价：69.00 元

前言

在当今全球化的时代背景下，电子产品制造产业如同全球经济巨轮上不可或缺的强劲引擎，稳稳占据着至关重要的地位。它不仅推动着经济的持续增长，还在创造大量就业机会、提升国家国际竞争力以及深刻改变社会生活面貌等诸多方面，发挥着不可替代的重要作用。随着科技的日新月异，创新的步伐从未停歇，从人工智能的蓬勃兴起，到物联网技术的广泛应用，再到6G通信技术标准的研究，都对电子产品制造产业提出了新的挑战与机遇。与此同时，市场需求也在不断演变，消费者对于电子产品的功能、性能、外观以及环保等方面的要求日益严苛。在这样的大环境下，电子产品制造产业正以其强大的韧性和创新能力，持续发挥着重要作用，为全球经济的稳健前行和社会的繁荣发展注入源源不断的活力，必将在未来做出更为卓越的贡献。

本书旨在为读者呈现一个全面、系统且深入的电子产品制造过程“全景图”。书中内容丰富多样，涵盖了电子产品制造的多个关键环节。从电子产品制造的基本概念和行业概述入手，引导读者逐步了解这个充满魅力和挑战的领域。接着深入探讨半导体材料的制备过程，这是电子产品制造的基石，其质量和性能直接影响着后续产品的品质。随后，详细介绍集成电路的制造工艺，这是电子产品的核心技术，每一次技术突破都可能带来行业的重大变革。在集成电路制造之后，本书还着重讲解了集成电路的封装技术，封装不仅是对集成电路的保护，更是实现其与外部电路连接的关键步骤。最后，深入阐述表面组装技术，这是将各种电子元器件组装到电路板上，形成完整电子产品的重要环节，是让集成电路能够在实际应用中发挥作用的重要保障。

本书以电子产品的整个制造过程为主线，环环相扣，逻辑清晰。从最初的半导体材料制备开始，经过集成电路制造、集成电路封装，再到最后的表面组装，每一个环节都独立成体系，既详细阐述了该环节的关键技术和工艺，又分析了其在整个制造过程中的重要作用。这种结构安排使得读者能够全面、完整地了解电子产品制造的全过程，不仅知其然，更知其所以然。

本书由大连职业技术学院（大连开放大学）杜中一老师撰写，力求将复杂的电子产品制造技术以通俗易懂的方式呈现给读者。然而，电子产品制造技术发展迅猛，新的技术和工艺不断涌现，加之作者水平有限，书中难免存在一些不足之处。在此，衷心希望广大读者能够不吝赐教，提出宝贵的批评和建议，以便在今后的修订中不断完善。

期待本书能够成为广大读者了解电子产品制造技术的有益参考，为推动电子产品制造产业的发展贡献一份微薄之力。

著者

2025 年 1 月

Contents 目录

Chapter 1 第1章 电子产品制造概述

电子产品制造产业已经成为当今世界先导产业，也是我国国民经济的支柱产业。特别是个人电子产品迅速普及，电子产品制造已经形成了非常庞大的体系，从小到日常使用的手机、移动电源，大到飞机、轮船，处处都有电子产品的身影。

1.1 电子产品制造过程

电子产品制造是指从半导体材料开始到生产出电子产品的过程，如图 1.1 所示是电子产品制造过程。

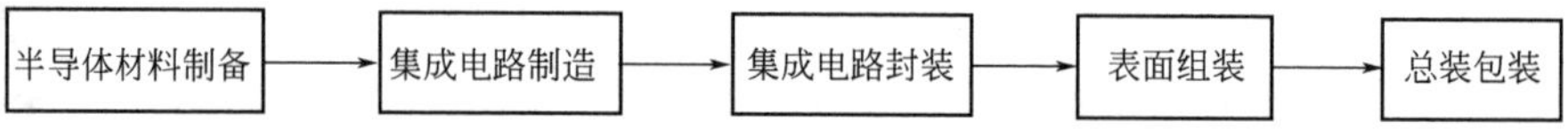

图 1.1 电子产品制造过程

1）半导体材料制备

半导体材料制备是指利用硅元素含量较高的石英生成工业硅，经过特殊的提纯工艺得到高纯度的电子级多晶硅，用直拉法制备出单晶硅，最后经过一系列加工形成符合集成电路制造要求的晶圆的过程，如图 1.2 所示。

图 1.2 半导体材料制备过程

2）集成电路制造

集成电路制造，即利用微细加工技术，将各单元器件按一定的规律，制作在一块微小的半导体片上，进而形成集成电路芯片的过程，也称为半导体制造。

3）集成电路封装

集成电路封装是从由晶圆切分好的一个一个的小晶片入手，经过减薄、贴膜切割、粘片固化、互连、塑封固化、切筋、打弯、引线电镀、打码、测试及包装等工序，完成作为元器件的封装体，以确保元器件的可靠性，并便于与外电路的连接。集成电路封装不但要提供芯片保护，同时还要满足性能、可靠性等要求，具备散热、功率分配等功能。

4）表面组装

表面组装是将元器件经过印刷焊膏、贴片、焊接等工艺，安装在印制电路板上的过程。

5）总装包装

总装包装就是将组装好的电路板、产品外壳等部件合成一个整机系统的过程，即成为最终到达用户手中可以使用的电子产品。

1.2 沙子变“黄金”——CPU 制造全过程

CPU 是计算机的心脏，它是决定计算机性能的最重要的部件。CPU 也是现代社会飞速运转的动力源泉，在许多电子设备上都可以找到 CPU 的身影。下面以 CPU 为例，说明从沙子经过诸多步骤最终成为复杂功能的 CPU 制造全过程。

石英沙子最多包含 25%的硅元素，以二氧化硅的形式存在，是电子产品制造的基础材料。石英经过硅熔炼、提纯等工艺得到电子级多晶硅，平均每一百万个硅原子中最多只有一个杂质原子。再通过直拉单晶工艺，得到单晶硅锭。横向切割单晶硅锭，形成圆形的单个硅片，也就是晶圆。切割出的晶圆经过抛光后变得几乎完美无瑕，表面甚至可以当作镜子，晶圆的形成过程如图 1.3 所示。

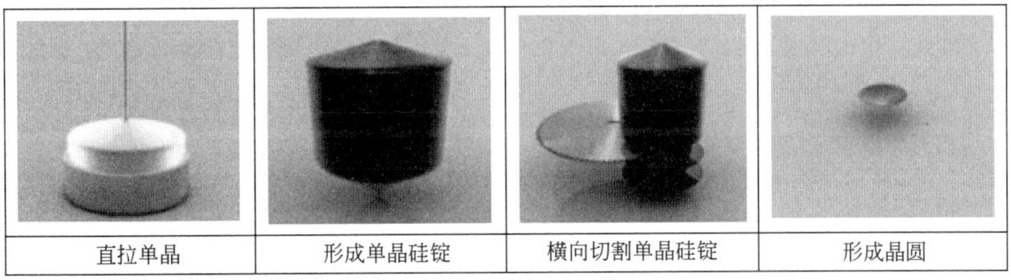

图 1.3　晶圆的形成过程

光刻的过程如图 1.4 所示，在晶圆旋转过程中涂覆光刻胶液体，紫外线透过光刻板照射光刻胶层，这一过程也叫做曝光。对于 50～200nm 尺寸的晶体管来说，一块晶圆上可以切割出数百个包含晶体管的处理器。下面介绍如何制作晶体管部件。晶体管相当于开关，控制着电流的方向。现在的晶体管已经非常小，一个针头上就能放下大约 3000 万个晶体管。光刻板上有预先设计好的电路图案，紫外线透过它照在光刻胶层上，被紫外线照过的光刻胶变得可溶，在特殊溶液中被曝光的光刻胶被溶解掉，清除后留下的图案和掩模上的一致，这一过程叫做显影。再使用化学物质溶解掉暴露出来的晶圆部分，而剩下的光刻胶保护着不应该蚀刻的部分，这一过程叫做刻蚀。刻蚀完成后，光刻胶的使命宣告完成，光刻胶全部清除后就可以看到设计好的电路图案，这一过程叫做去胶。

曝光	被紫外线照过的光刻胶变得可溶	显影	刻蚀	去胶

图 1.4　光刻的过程

离子注入的过程如图 1.5 所示。再次浇上光刻胶，然后光刻，并洗掉曝光的部分，剩下的光刻胶还是用来保护不会离子注入的那部分材料。在真空系统中，用经过加速的、要掺杂原子的离子照射

离子注入前的光刻	注入离子流	清除光刻胶

图 1.5　离子注入的过程

（注入）固体材料，从而在被注入的区域形成特殊的注入层，并改变这些区域硅的导电性。经过电场加速后，注入的离子流的速度可以超过 30×10^4km/h。离子注入完成后，光刻胶也被清除，而注入区域中已经被注入了不同的原子。注意这时候的晶圆和之前已经有所不同。

薄膜制备的过程如图 1.6 所示。继续增加一层绝缘层，至此，晶体管已经基本完成。在绝缘层上蚀刻出三个孔洞，并填充铜，以便和其他晶体管互连。在晶圆上电镀一层硫酸铜，将铜离子沉淀到晶体管上。铜离子会从正极（阳极）走向负极（阴极）。电镀完成后，铜离子沉积在晶圆表面，形成一个薄薄的铜层。再将多余的铜抛光掉，也就是磨光晶圆表面。

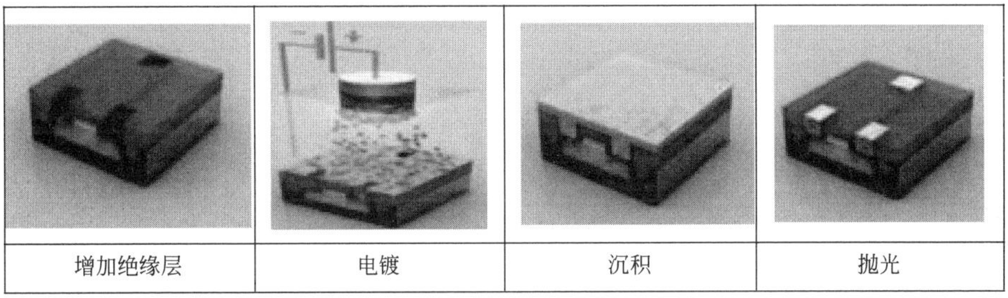

图 1.6　薄膜制备的过程

在不同的晶体管之间形成复合互连金属层，具体布局取决于相应处理器所需要的不同功能性。芯片表面看起来异常平滑，但事实上它可能包含 20 多层复杂的电路，将芯片放大之后，可以看到极其复杂的电路网络，形成如同多层高速公路系统的互连金属层，如图 1.7 所示。

图 1.7　互连金属层

晶圆切割的过程如图 1.8 所示。切割晶圆前，要进行晶圆测试，图中晶圆测试的是晶圆的局部。图 1.8 所示是正在接受第一次功能性测试，可以使用参考电路图案和每一块芯片进行对比。将晶圆切割成块，每一块就是一个处理器的内核。测试过程中发现的有瑕疵的内核被抛弃，留下完好的准备进入下一步工序。最后从晶圆上切割下来，得到单个内核。这里展示的是 Core i7 的晶圆内核。

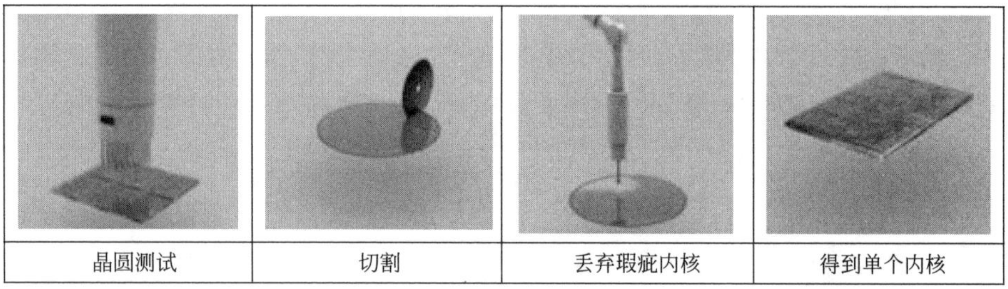

图 1.8　晶圆切割的过程

封装的过程如图 1.9 所示，即将衬底（基片）、内核、散热片安装在一起，组合形成了我们通常看到的处理器的样子。衬底，相当于一个底座，并为处理器内核提供电气与机械界面，便于与 PC 系统的其他部分交互。散热片是负责内核散热的。封装完成后就得到完整的 CPU 了，这里展示的是一颗 Core i7。这种要求在特殊生产车间里制造出来的非常复杂的产品，实际上是经过数百个上述步骤得来的，这里只是简单地展示了其中的一些关键步骤。

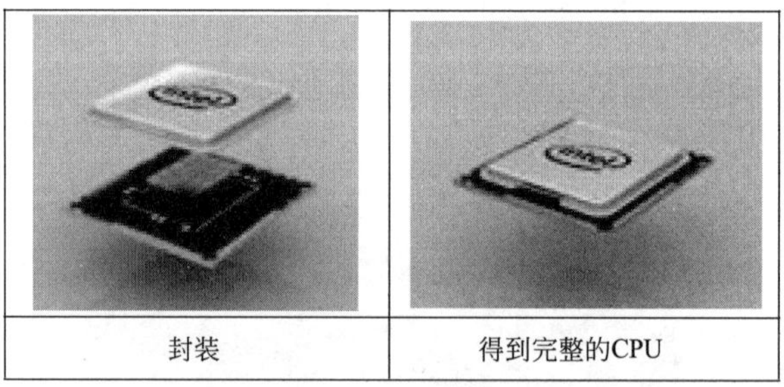

图 1.9　封装的过程

包装出厂的过程如图 1.10 所示。首先进行等级测试，也是最后一次测试，可以鉴别出每一颗处理器的关键特性，比如最高频率、功耗、发热量等，并决定处理器的等级，比如，适合做成高端的 Core i7-975 Extreme，还是低端型号 Core i7-920。再根据等级测试结果，将同样级别的处理器放在一起装运。制造、测试完毕的处理器要么批量交付给下游生产厂商，要么放在包装盒里进入零售市场。

等级测试	分级装运	零售包装

图 1.10　包装出厂的过程

Chapter 2

第2章 半导体材料制备

2.1 多晶半导体的制备

硅在地球中是第二丰富的元素，它极少以单质的形式在自然界出现，而是以复杂的硅酸盐或二氧化硅的形式，广泛存在于岩石、石英砂、砂砾之中。

2.1.1 工业硅的生产

工业硅的生产是在电弧炉中，利用含量较高的石英砂与焦炭或木炭，在1820～1900℃的条件下发生反应生成硅，其反应式为：

$$SiO_2 + 2C \longrightarrow Si + 2CO$$

工业硅杂质含量高，纯度一般为90%～95%，其中杂质铁和铝较多，这种硅可作为冶炼铁、铝等金属的添加剂，只有极少数的高纯度的工业硅（纯度在98%以上）才能用于进一步提纯成太阳能级多晶硅或电子级多晶硅，它占工业硅的1%。

2.1.2 三氯氢硅还原制备高纯硅

少数高纯度的工业硅必须经过特殊的提纯工艺，才能进一步作为半导体材料使用。普遍使用三氯氢硅还原法制备高纯硅，又称西门子法制备高纯硅。

2.1.2.1 三氯氢硅的合成及提纯

1）三氯氢硅的合成

（1）三氯氢硅的合成原理。硅粉和干燥氯化氢在沸腾炉中的反应式为：

$$Si + 3HCl \longrightarrow SiHCl_3 + H_2$$

在沸腾炉中，硅和氯化氢的反应除了生成三氯氢硅以外，同时也会生成四氯化硅、二氯二氢硅、金属氯化物、聚氯硅烷、氢气等副产物，此混合气体被称为三氯氢硅合成气。因此，必须严格控制反应温度在 280～320℃，使得 $SiHCl_3$ 的产出率达到 90%以上。

（2）合成气干法分离工序。三氯氢硅合成气在此工序被分离成氯硅烷液体、氢气和氯化氢气体，分别循环送回装置使用。

三氯氢硅合成气流经混合气缓冲罐，进入喷淋洗涤塔，被塔顶流下的低温氯硅烷液体洗涤。气体中的大部分氯硅烷被冷凝并混入洗涤液中。出塔底的氯硅烷用泵增压，大部分经冷冻降温后循环回塔顶用于气体的洗涤，其余部分的氯硅烷送入氯化氢解吸塔。

出喷淋洗涤塔塔顶除去了大部分氯硅烷的气体，用混合气压缩机压缩并经冷冻降温后，送入氯化氢吸收塔，被从氯化氢解吸塔底部送来的经冷冻降温的氯硅烷液体洗涤，气体中绝大部分的氯化氢被氯硅烷吸收，气体中残留的大部分氯硅烷也被洗涤冷凝下来。出塔顶的气体为含有微量氯化氢和氯硅烷的氢气，经一组变温变压吸附器进一步除去氯化氢和氯硅烷后，得到高纯度的氢气。氢气流经氢气缓冲罐，然后返回氯化氢合成工序参与合成氯化氢的反应。吸附器再生废气含有氢气、氯化氢和氯硅烷，送往废气处理工序进行处理。

出氯化氢吸收塔底溶解有氯化氢气体的氯硅烷经加热后，与从喷淋洗涤塔底来的多余的氯硅烷汇合，然后送入氯化氢解析塔中部，通过减压蒸馏操作，在塔顶得到提纯的氯化氢气体。出塔氯化氢气体流经氯化氢缓冲罐，然后送至设置于三氯氢硅合成工序的循环氯化氢缓冲罐；塔底除去了氯化氢而得到再生的氯硅烷液体，大部分经冷却、冷冻降温后，送回氯化氢吸收塔用作吸收剂，其余的氯硅烷液体（即从三氯氢硅合成气中分离出的氯硅烷），经冷却后送往氯硅烷储存工序的原料氯硅烷贮槽。

2）三氯氢硅的提纯

三氯氢硅的提纯是利用氯硅烷液体各组分挥发度的不同，即各组分的沸点不同，在蒸馏塔中进行。但是对于那些与三氯氢硅挥发度接近的化合物，除去的效果就不那么明显了，必须经过多级精馏提高精馏效率。

(1) 三氯氢硅的加压提纯。

① 将待提纯主要成分是三氯氢硅、四氯化硅的氯硅烷混合液输入提纯塔的加料口，混合液经提纯塔下流至蒸馏釜。

② 用热媒加热蒸馏釜至70～200℃，使三氯氢硅和四氯化硅的混合液体被蒸馏并生汽化，蒸馏釜控制压力为0.15～1.5MPa。

③ 从蒸馏釜排气管出来的汽化蒸气通过连接管进入提纯塔中，提纯塔内的操作温度为40～150℃，来自蒸馏釜的$SiHCl_3$、$SiCl_4$的混合蒸气，在提纯塔的各级筛板上进行热量与成分的交换与分离，沸点低的三氯氢硅组分在气相中富集，沸点高的四氯化硅组分在液相中富集，经过多次部分汽化或部分冷凝，最终在气相中得到易挥发、较纯的三氯氢硅汽化组分，在提纯塔中得到沸点高的四氯化硅组分。

④ 从提纯塔出来的三氯氢硅汽化组分通过导管进入塔顶水冷凝器，塔顶水冷凝器采用普通循环水冷却，三氯氢硅汽化组分经冷却，冷凝成液体，即沸点低的三氯氢硅液体。

⑤ 从蒸馏釜的排液管排出较难挥发的四氯化硅液体。

(2) 三氯氢硅的精馏　从氯硅烷贮槽送来的氯硅烷液体经预热器预热后，从中部送入一级精馏塔，进行除去低沸物的精馏操作。塔顶排出不凝气体和部分二氯二氢硅，送往废气处理工序进行处理；塔顶馏出液为含有低沸点和高沸点杂质的三氯氢硅冷凝液，依靠压差送入二级精馏塔；塔釜得到含杂质的四氯化硅，用泵送至四氯化硅回收塔进行处理。

二级精馏塔为反应精馏，通过用湿润的氮对三氯氢硅进行处理，把其中易于水解的杂质化合物转化成难于挥发的形态，以便用精馏的方法除去。二级精馏为双系列生产线，二级精馏塔塔顶排出不凝气体同样送往废气处理工序进行处理；塔顶馏出三氯氢硅冷凝液，依靠压差送入沉淀槽；塔釜含悬浮物的釜液，用泵送至四氯化硅回收塔进行处理。

三级精馏的目的是脱除三氯氢硅中的低沸点杂质。三氯氢硅清液经三级进料预热器后，进入三级精馏塔中部。塔顶馏出含有二氯硅烷和三氯氢硅的冷凝液，靠位差流至二级三氯氢硅槽；塔底釜液为三氯氢硅，用泵送入四级精馏塔。

四级、五级精馏的目的是分两段脱除三氯氢硅中的高沸点杂质。三级釜液送入四级精馏塔中部。四级塔顶馏出三氯氢硅冷凝液，靠位差流至五级精馏塔，进行脱除高沸点杂质的第二阶段。五级塔顶馏出的三氯氢硅冷凝液送入五级冷凝液槽，一个贮槽注满后，分析三氯氢硅是否符合工业级三氯氢硅对杂质含量的要求。四级、五级塔釜排出的含有高沸点杂质的三氯氢硅，用泵送入二级三氯氢硅槽。

从五级塔顶馏出的三氯氢硅，在六级精馏塔进行最终脱除三氯氢硅中的高沸点杂质的过程。六级塔顶馏出物为去除了高、低沸点杂质的精制三氯氢硅，分析符合多晶硅生产的质量要求后，靠位差流至多晶硅制取工序。

2.1.2.2 三氯氢硅还原

1）三氯氢硅还原原理

将提纯净化好的三氯氢硅和氢气按一定比例进入还原炉，在1080～1100℃温度下，三氯氢硅被氢气还原，主要反应式为：

$$SiHCl_3 + H_2 \longrightarrow Si + 3HCl$$

同时，还会发生三氯氢硅热分解反应：

$$2SiHCl_3 \longrightarrow Si + SiCl_4 + 2HCl$$

从上式可以看出，炉内氢气在混合气体中所占的比例越大，多晶硅生产过程中产生的副产物四氯化硅就越少，反之就越大。但是氢气的比例不能太大，否则会稀释三氯氢硅的浓度。因此，为了提高产率，在生产中三氯氢硅与氢气的摩尔比一般为4∶1。

2）还原工艺过程

在还原炉中，预先装好的材质是高纯度硅的硅晶体细棒，称为硅芯，通常直径是 5～6cm。经氯硅烷分离提纯工序精制的三氯氢硅，送入三氯氢硅汽化器，被热水加热汽化；氢气流经氢气缓冲罐后，也通入汽化器内，与三氯氢硅蒸气形成一定比例的混合气体。从三氯氢硅汽化器来的三氯氢硅与氢气的混合气体，送入还原炉内。在还原炉内通电将硅芯加热到 1080～1100℃，硅芯作为发热体，三氯氢硅和氢气发生氢还原反应，生成的硅就沉积在硅芯上，硅芯随着反应的不断进行而逐渐长粗，直至达到规定的尺寸，生成的多晶硅锭如图 2.1 所示。

图 2.1　多晶硅锭

氢还原反应同时生成四氯化硅、氯化氢，与未反应的三氯氢硅和氢气一起送出还原炉，经还原尾气冷却器用循环冷却水冷却后，直接送往还原尾气干法分离回收工序。

2.1.2.3　还原尾气干法分离回收

在还原尾气中含有大量的未反应的三氯氢硅、氢气和反应产物 $SiCl_4$、HCl 等气体，必须回收并分离提纯加以利用。分离出的三氯氢硅和氢气提纯后可再用于生产，HCl 可再利用于三氯氢硅的合成。

对于 $SiCl_4$，可以将 $SiCl_4$ 提纯到 6 个“9”以上制作光纤，或者将 $SiCl_4$ 用于各种硅酸盐的生产。但目前多晶硅生产企业都倾向于将 $SiCl_4$ 转化为三氯氢硅，再用于多晶硅的生产，这种方法称为冷氢化，反应温度 500℃左右，反应式为：

$$3SiCl_4 + Si + 2H_2 \longrightarrow 4SiHCl_3$$

2.1.3 硅烷热分解法制备高纯硅

硅烷热分解法制备高纯度硅，是硅多晶的重要生产方法之一，也是近年来国内研究较多的一种有很大发展前景的方法。其实质是先用硅粉或硅的化合物制成硅烷，然后用精馏等方法进行提纯，将纯硅烷经热分解得到高纯硅，即硅烷的制备、硅烷的提纯和硅烷的热分解三个基本步骤。

1）硅烷的制备

在工业中主要采用硅化镁分解法生成硅烷，将硅粉和镁粉的混合粉末在氢气（也可在真空）中加热至 500～550℃时发生反应，生成硅化镁，其反应式为：

$$2Mg + Si \longrightarrow Mg_2Si$$

硅化镁在水溶液中被盐酸分解生成硅烷，其反应式为：

$$Mg_2Si + 4HCl \longrightarrow 2MgCl_2 + SiH_4$$

除上面的方法外，硅化镁也可以与固体氯化铵在低温液氨中反应，可得到硅烷，这种方法也叫 Johnson’s 法。此种方法工艺比较成熟，特别是除硼的效果好，生产相对比较安全。其中的液氨不仅是介质，而且它还提供一个低温的环境，这样所得的 SiH_4 比较纯，其反应式为：

$$Mg_2Si + 4NH_4Cl \longrightarrow 2MgCl_2 + SiH_4 + 4NH_3$$

2）硅烷的提纯

SiH_4 在常温下为气态，一般来说气体提纯比液体和固体容易。

因为 SiH_4 的生成温度低，大部分金属杂质在这样低的温度下不易形成挥发性的氢化物，而即使能生成，也因其沸点较高难以随 SiH_4 挥发出来，所以 SiH_4 在生成过程中就已经经过一次净化，除去了部分不生成挥发性氢化物的杂质。

以 Johnson's 法生成硅烷为例，SiH_4 是在低温液氨中生成的，在低温下乙硼烷（B_2H_6）与液氨生成难以挥发的络合物（$B_2H_6 \cdot 2NH_3$）而被除去，因而生成的 SiH_4 不含硼杂质，这是 Johnson's 法的优点之一。但 SiH_4 中还有氨、氢及微量的磷化氢（PH_3）、硫化氢（H_2S）、砷化氢（AsH_3）、锑化氢（SbH_3）、甲烷（CH_4）及水等杂质。由于 SiH_4 与它们的沸点相差较大，所以可用低温液化的方法除去水和氨，再用精馏提纯除去其他杂质。此外，还可用吸附法、预热分解法（因为除 SiH_4 的分解温度高达 600℃外，其他杂质氢化物气体的分解温度均低于 380℃，所以把预热炉的温度控制在 380℃左右，就可将杂质的氢化物分解，从而达到纯化 SiH_4 的目的），或者将多种方法组合使用来达到提纯的目的。

3）硅烷的热分解

将提纯后的硅烷气体导入硅烷分解炉，在 850～900℃的发热硅芯上，硅烷分解并沉积出高纯多晶硅，其反应式为：

$$SiH_4 \longrightarrow Si+2H_2$$

硅烷热分解法有如下优点。

（1）分解过程不加还原剂，因而不存在还原剂的玷污。

（2）生成的硅纯度高。在硅烷的合成过程中，就已经有效地去除金属杂质了。尤其可贵的是，因为氨对硼氢化合物有强烈的络合作用，能除去硅中最难以分离的有害杂质硼。然后，还能用对磷烷、砷烷、硫化氢、硼烷等杂质有很高吸附能力的分子筛提纯硅烷，从而获得高纯度的硅，这是硅烷热分解法的又一个突出的优点。

（3）硅烷热分解的温度一般为 850～900℃，远低于其他方法，因此由高温挥发或扩散引入的杂质就少。同时，硅烷的分解产物都没有腐蚀性，从而避免了对设备的腐蚀以及硅受腐蚀而被玷污的现象。

四氯化硅或三氯氢硅氢气还原法都会产生强腐蚀性的氯化氢气体。

2.2 单晶半导体的制备

晶体硅根据晶面取向不同又分为单晶硅和多晶硅，它们都具有金刚石晶格，硬而有金属光泽，有半导体性质。晶体硅的密度为2.32～2.34g/cm^3，熔点为1410℃，沸点为2355℃。单晶硅和多晶硅的主要区别是：当熔融的单质硅凝固时，硅原子以晶格排列成许多晶核，如果这些晶核长成晶面取向相同的晶粒，则为单晶硅；如果这些晶核长成晶面取向不同的晶粒，则为多晶硅。多晶硅与单晶硅的差异主要表现在物理性质方面。如在力学性质、电学性质等方面，多晶硅均不如单晶硅。多晶硅可作为拉制单晶硅的原料，也是太阳能电池片以及光伏发电的基础材料。单晶硅可算得上是世界上最纯净的物质了，一般的半导体器件要求硅的纯度六个“9”以上。大规模集成电路的要求更高，硅的纯度必须达到九个“9”。目前，人们已经能制造出纯度为十二个“9”的单晶硅。单晶硅是现代电子制造过程中不可缺少的基本材料。

2.2.1 单晶硅的基本知识

2.2.1.1 晶体的熔化和凝固

自然界的一切物质都处于运动状态，构成物质分子的原子也在不停地运动，原子运动受环境（如温度、压力等）影响很大。温度降低，原子热运动减小；温度升高，原子热运动加剧。温度升到物质熔点时，晶体内原子热动力能量很高，但是，由于晶体的晶格间有很大的结合力，虽然温度已达到熔点，但晶体内原子的热运动还不能克服晶格的束缚，因此在一段时间内，必须继续供给晶体热量，使晶体内原子的热运动进一步加剧，从而克服晶格的束缚作用，晶格结构才能被破坏，固态结构才能变成液态结构。与熔化相对应的过程叫凝固，也叫结晶，即由液态向固态晶体转化。

可以用分析方法测定晶体的熔化和凝固温度，在极其缓慢的加热或冷却过程中，每隔一定时间测定晶体的熔化和凝固温度，然后绘成晶体熔化与凝固的温度-时间关系曲线，如图 2.2 所示。

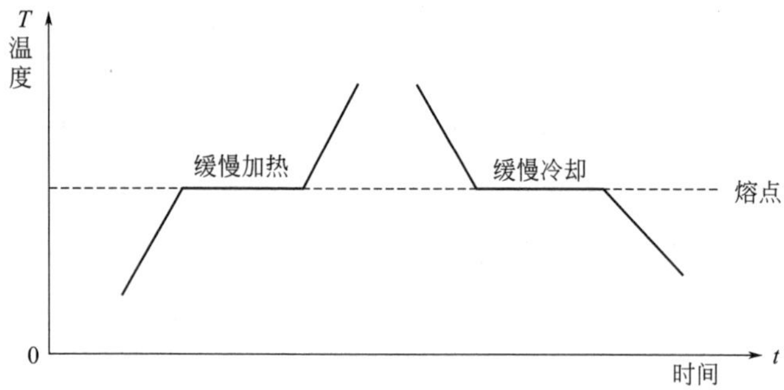

图 2.2　晶体熔化与凝固的温度-时间曲线

从曲线图上可以看出，加热或冷却时都有一段时间温度保持不变，即“温度平台”。这一平台相对应的温度就是该晶体的熔点。在理想情况下（可逆过程）两个平台对应的温度是一致的。

晶体在熔化和凝固的过程中保持温度不变，因为晶体在由固态向液态转变的过程中，需要供给必要的热量，使晶体内的原子有足够的能量，从而破坏固态结构，形成液态结构。反之，凝固时必须放出热量，减少热运动能量，使液态下的原子稳定地固定在晶格点上，成为固态晶体，因此，加热或冷却曲线上出现所谓的“温度平台”。晶体熔化时吸收的热，叫做熔化热；结晶时放出的热，叫做结晶潜热。一般说来，晶体的熔点越高，它的熔化热（或结晶潜热）也就越大。

2.2.1.2　结晶过程的宏观特征

理想情况下的熔化和凝固曲线与实际的结晶和熔化曲线不同。实际情况下的冷却速度不可能无限缓慢，必然有一定的冷却速度，因此三种冷却速度不同的冷却曲线会出现如图 2.3 所示的情况。

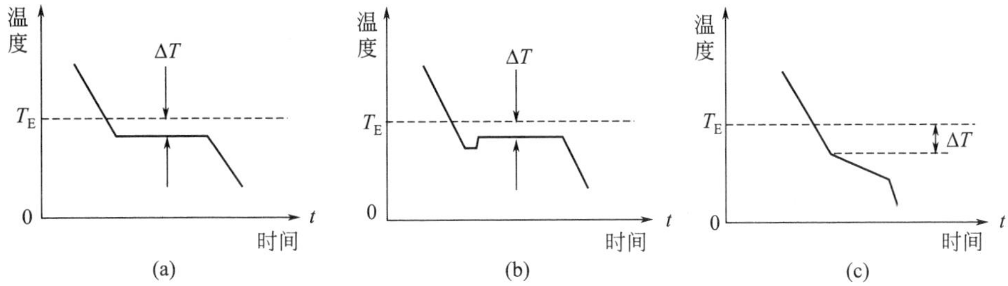

图 2.3 三种冷却速度不同的冷却曲线示意图

这三条曲线表明：液体必须有一定的过冷度，结晶才能自发进行，即结晶只能在过冷的熔体中进行。所谓“过冷度”，指实际结晶温度与其熔点的差值，以 ΔT 表示。不同的熔体，ΔT 不同；冷却条件和熔体纯度不同，ΔT 变化很大。一定的熔体，有一个 ΔT 最小值，称为亚稳极限，以 ΔT_E 表示。若过冷度小于这个值，结晶几乎不能进行，或进行得非常缓慢。只有 ΔT 大于 ΔT_E 时，熔体结晶才能以宏观速度进行。

结晶过程伴随着结晶潜热的释放，放出的结晶潜热等于或小于以一定速度散发到周围环境中去的热量时，温度保持恒定或不断下降，结晶继续进行，一直到液体完全凝固，或者达到新的平衡。结晶潜热大于散发掉的热量时，温度升高，一直到结晶停止进行，有时局部区域还会发生回熔现象。因此，结晶潜热的释放和逸散是影响结晶过程的重要因素之一。图 2.3 所示是纯物质结晶时熔体冷却速度不同的几种冷却曲线示意图。曲线中各转折点表示结晶的开始或终结，其中，图(a)表示接近于平衡过程的冷却，结晶在一定的过冷度下开始、进行和终结。由于潜热释放和逸散相等，所以结晶温度始终保持恒定，完全结晶后温度才下降。图(b)表示由于熔体冷却略快或其他原因，结晶在较大过冷度下开始，结晶较快，释放的结晶潜热大于热的逸散，温度逐渐回升，一直到二者相等，此后，结晶在恒温下进行，一直到结晶过程结束温度才开始下降。图(c)表示冷却很快，结晶在很大的过冷度下开始，潜热的释放始终小于热的逸散，结晶始终在连续降温过程中进行，结晶终结，温度下降更快。图(c)所示的情况只能在体积较小的熔体中或大体积熔体的某些局部区域内才能实现。

2.2.1.3 结晶过程热力学

结晶过程是一个物理过程，在熔点以上的温度时，液态是稳定的，所以固态必然自动向液态转化，即熔化。相反，在熔点以下的温度时，固态是稳定的，所以液态必然自动向固态转化，即结晶。如果正好处于熔点温度，这个过程则是可逆的，可能熔化，也可能结晶，处于固液共存的平衡状态。

单晶硅的生长实质上就是把液态硅结晶成固态硅的过程，只有在温度低于熔点时，才能进行自发的结晶过程。因此可以说，熔体过冷是自发结晶的必要条件。

2.2.1.4 晶核的形成

结晶是晶体在液体中从无到有、由小到大的成长过程。液体结晶成晶体，总要先从一个核开始，然后逐步长大成为晶体，这个结晶核称为晶核。

晶核的形成有以下两种方式。

(1) 自发晶核。由于液体内部过冷，在液体内部自发生成的晶核，叫做自发晶核。

(2) 非自发晶核。晶核不在液体内部自发产生，而是借助于外来固态物质的帮助，如在籽晶、坩埚壁、液体中的非溶性杂质等表面上产生的晶核，叫做非自发晶核。

1) 自发晶核的形成

晶体熔化后成为液态（熔体），固态结构被破坏，但在近程范围内（几个或几十个原子范围内）仍然存在着动态规则排列，即在某一瞬间，近程范围内原子排列和晶体一样有规则，因此，液态结构与固态和气态相比，更接近固态。晶体的液态结构和固态结构比较，液态时原子结合力减弱，远程规律受到破坏，近程仍然维持着动态规则排列的小集团，这个小集团称做晶体的晶胚。晶胚与晶胚之间位错密度很大，类似于晶界结构。熔体原子的激烈振动，使得近程有序规律瞬时出现，瞬时消失。在某一瞬间，熔体中某个局部区域的原子可能瞬时聚集在一起，形成许多具有晶体结构排列的小集团，这些小集团可能瞬时散开，熔体中原子瞬时排列和拆散的变化叫做“相起伏”。相起伏必然伴随着能量的涨落，即能量起伏，具有高自由能的液态原子转变成具有低自由能的固态原子，体系自由能降低，是自发结晶过程的驱动力。

只要熔体具有一定的过冷度，晶胚就会长大，通过试验发现，当晶胚长大到一定的半径尺寸 r_c（称为晶胚临界半径）时，有两种发展可能：如果能继续长大，就可以变成晶核；如果不能继续长大，就仍然是晶胚。凡大于临界半径 r_c 的晶胚称为晶核；小于临界半径 r_c 的统称为晶胚。晶胚不稳定，不能长时间存在和长大，不具有固态晶体的一切性质。只有晶核才是稳定的，具有固态晶体的一切性质。

熔体在每一过冷度下，都有一个晶核的临界半径尺寸，只有当晶胚达到临界半径尺寸时，晶核才能生成，结晶才开始。晶胚临界半径 r_c 的大小与熔体的过冷度 ΔT 有直接关系，如图 2.4 所示。过冷度越大，晶胚临界半径 r_c 越小，就越容易形成晶核；过冷度越小，晶胚临界半径 r_c 越大，就越不容易形成晶核。所以，有时尽管熔体有一定的过冷度，但因为太小，晶胚在长大时一直超不过临界半径，就形成不了晶核，只能长期处于过冷的亚稳定状态，此时没有结晶的可能。

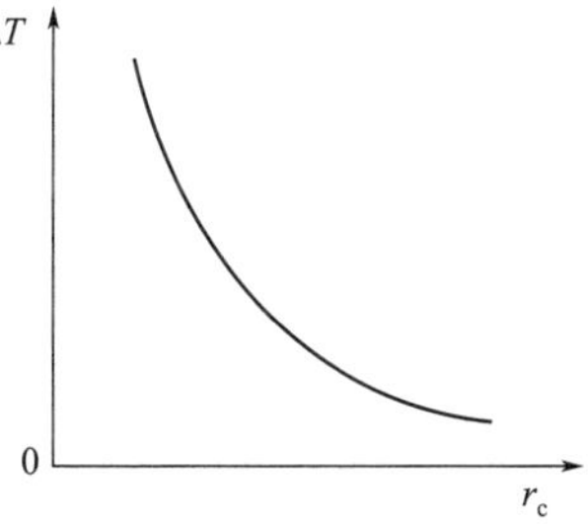

图 2.4　晶胚临界半径与熔体过冷度的关系曲线

2）非自发晶核的形成

实际的晶体结晶过程常以非自发成核为主。非自发晶核形成时所需要的功比自发晶核形成所需的功小，因此，非自发晶核容易形成，也就是说，在固体杂质上比熔体内部更容易形成晶核。

一些金属材料熔体中，往往存在一些非熔性杂质，或加入晶种（也称做籽晶）起到结晶核的作用，结晶过程便在这些非熔性杂质或加入的晶种上进行。熔体中存在晶种或杂质时，往往利用固体杂质或晶种作为基底，生成非自发晶核。例如，在直拉单晶的工艺中，将晶种插入熔体后，晶种就起到了结晶核的作用，结晶就在晶种上进行，晶种就成了非自发晶核。

从上面的分析可以得出下面的结论。

(1) 在制备单晶时，只允许生成一种晶体，因此只允许存在一种晶核，而不能存在两种或多种晶核。在直拉单晶的工艺中，通常人为地在熔体内加入一种晶核，即晶种，由晶种生长出单晶来。要保证晶核的唯一性，熔体的过冷度应尽量小，防止自发晶核的形成。

(2) 熔体中如存在其他固体杂质，则容易以该杂质为基底形成非自发晶核，熔体中就会存在两种以上的晶核，晶体就无法形成单晶。例如，在拉制硅单晶时，坩埚边结晶、掉渣以及其他非熔性杂质等情况都会产生非自发晶核，使得单晶无法正常生长。

2.2.1.5 二维晶核的形成

假设晶面是一个理想平面，既无台阶也无缺陷，则单个的液相原子扩散到晶面上很难稳定住，即使瞬时稳定住，最终也会跑掉。这是因为，晶体生长界面上单个原子相邻的原子数太少，它们难以牢靠地结合。在这种情况下，晶体生长只能依靠二维晶核的形成。熔体系统能量涨落，一定数量的液相原子差不多同时落在平滑界面上的邻近位置，形成一个具有单原子厚度 d，并有一定宽度的平面原子集团，称为二维晶核，如图 2.5 所示。

根据热力学分析，这个集团必须超过结晶条件中规定的晶核半径临界值 r_c 才能稳定住。二维晶核形成后，它的周围便出现台阶，以后生长的单原子就会沿着台阶铺展，原子铺满整个界面一层，生长面

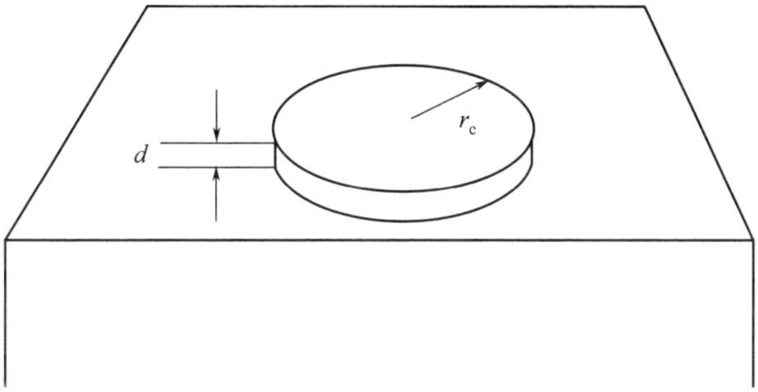

图 2.5 平滑界面二维晶核的生长模型

又成了理想平面，又需依靠新的二维晶核形成，否则，晶体就不能继续生长。晶体用这种方式多次重复生长。

2.2.1.6 晶体的长大

在熔体中有晶核形成后，熔体开始结晶。在单晶的成长过程中，晶核出现后，立即进入长大阶段。从宏观上看，晶体长大是晶体界面向液相中推移。微观分析表明，晶体长大是液相原子扩散到固相晶体表面，按晶体空间点阵规律，占据适当的位置稳定地和晶体结合起来。为了使晶体不断长大，要求液相必须能连续不断地向晶体扩散供应原子，晶体表面能不断牢靠地接纳原子。

在晶体生长时，液相不断供应原子并不困难，但晶体界面不断接纳原子就不同了，它接纳的快慢取决于晶体的长大方式和长大的线速度，取决于晶体本身的结构（如单斜晶系、三斜晶系、四方晶系等）和晶体生长界面的结构（稀排面、密排面或是特异面），取决于晶体界面的曲率（凸形界面、凹形界面、其他形状的界面）等因素，它们都是晶体生长的内部因素。生长界面附近的温度分布状况、结晶时潜热的释放速度和逸散条件，都是决定晶体长大方式和生长速度的外部因素。

结晶过程中，固相和液相之间宏观界面形貌情况复杂。从微观原子角度来看，晶体与液体的接触界面大致有两类：一类是坎坷不平的、粗糙的，即固相与液相的原子犬牙交错地分布；另一类界面是平滑的，具有晶体学特性。

如图 2.6 所示，界面 C 为平滑界面，这个界面是高指数晶面，以这样的晶面为界面，必然会出现一些其高度约相当于一个原子直径的小台阶，如图 2.6 中 A 所示。B 所处的位置则相当于一个平滑的密集晶面。显然，由于液体扩散到晶体的原子，占据 A 处较之占据 B 处有较多的晶体原子为邻，易于与晶体牢靠结合起来，占据 A 处的原子返回液相的概率比占据 B 处的原子小得多，这种情况下，晶体生长主要靠小台阶的侧向移动，依靠原子扩散到小台阶的根部进行。只要界面的取向不发生变动，小台阶永远不会消失，晶体可以始终沿着垂直于界面的方向稳步地向前推进。小台阶越高，密度越大，晶体成长的速度就越快。

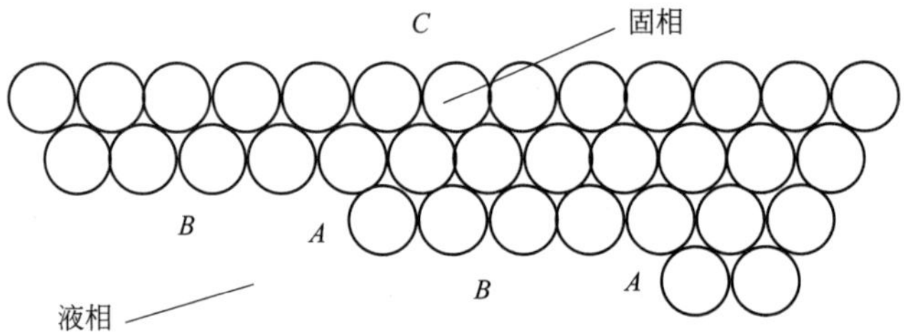

图 2.6　固相和液相界面模型

一般说来，原子密度小的晶面，台阶较大，法向成长线速度较快。即使其他条件相同，晶体不同晶面的成长线速度也不相同。成长线速度较快、原子密度小的晶面，易于被成长线速度慢、原子密度高的晶面制约，不容易沿晶面（即横向）扩展；反之，生长线速度最低的晶面，沿晶面扩展最快。

2.2.2　直拉法制备单晶硅的设备及材料

目前，常用的制备单晶硅的方法主要有直拉法，其设备示意图如图 2.7 所示。材料装在坩埚内（石英或石墨坩埚），加热到材料的熔点以上，坩埚上方有一根可以旋转和升降的提拉杆（籽晶杆），杆的下端有一夹头，夹头上装有一根籽晶。降低拉杆，使籽晶与熔体接触，只要熔体温度适中，籽晶既不熔掉，也不长大。然后缓慢向上提拉同时转动晶杆，缓慢降低加热功率，籽晶就逐渐长粗长大。整个生长装置放在一个密封罩里，以便使生长环境中有所需要的气体和压强，这样就能得到所需直径的单晶锭了。

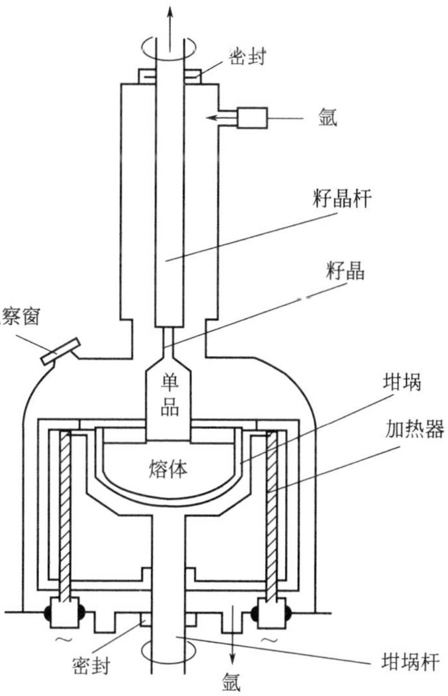

图 2.7　直拉法制备单晶硅的设备示意图

2.2.2.1　直拉法制备单晶硅的设备

为了提高原材料的利用率，降低生产成本，确保器件参数的一致性，单晶大直径化势在必行，与之相适应的必然是坩埚的大直径化，大投料量，以及直拉单晶炉的设备大型化和自动化。

直拉单晶炉的结构如图 2.8 所示，主要由炉体、电气部分、热系统、水冷系统、真空系统和氩气装置等部分组成。

（1）炉体。炉体由炉座、炉膛、炉顶盖、坩埚杆、籽晶杆、光学等径监测器等部件组成。

① 炉座由铸铁制成，支撑整个炉体重量，炉膛装在炉座上面，坩埚杆及相应驱动部件也装在炉座中。

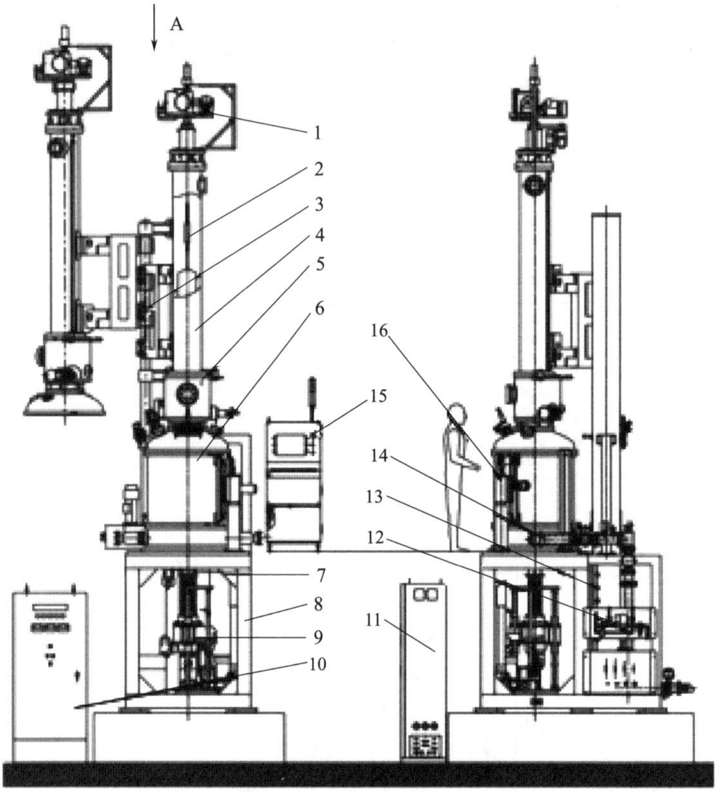

图 2.8　直拉单晶炉的结构

1—籽晶旋转提升机构；2—籽晶夹头；3—炉体开启升降机构；4—副炉体；5—隔离阀；6—主炉体；7—电极；8—机架；9—坩埚杆驱动机构；10—加热器电源；11—电气控制箱；12—氩气管路；13—冷却水管路；14—真空管路；15—控制箱；16—炉筒升降机构

② 炉膛的样式比较多，大体上分侧开门和钟罩式两种形式。侧开门式又有锥顶、圆弧顶和平顶之分；钟罩式又有单纯钟罩式和有主室与副室中间夹有隔离阀的钟罩式。不管样式千差万别，炉膛总有炉室、观察窗、紫铜电极、炉门（钟罩式没有）、热电偶测温孔、光学等径监测孔、外接真空管道和惰性气体进口等几部分。坩埚杆和籽晶杆从炉膛中心穿过并能上、下运动。炉膛一般由两层 4～5mm 不锈钢板制成，中间通水。

③ 炉顶盖由铸铁制成，主要支撑籽晶杆的提拉和旋转，装有标

尺，显示籽晶杆的提拉位置和提拉长度。

④ 坩埚杆由不锈钢制成，由双层管组成，通流动水冷却。它通过托杆、托碗支撑石英坩埚中的多晶硅，并且通过旋转、上升和下降调节热系统中坩埚内熔硅的位置，使拉晶能顺利进行。

⑤ 籽晶杆也由不锈钢制成，能够旋转、上升和下降。它的结构和坩埚杆相同，但比坩埚杆长，它主要通过籽晶卡头装卡籽晶，并且边旋转边向上运动，完成提拉单晶的过程。

⑥ 光学等径监测器装在炉膛的光学等径监测孔上，一组光学镜头对准坩埚中心，硅单晶通过镜头将硅单晶横断面直径的正生影像反射在毛玻璃屏幕上，屏幕上有一个光敏二极管，影像变化作用在光敏二极管上，产生电信号，经过放大分压（或分流）处理，控制提拉或加热功率，保证硅单晶等径生长，通过调节光敏二极管位置可以控制生长硅单晶的粗细。

⑦ 观察窗装在直拉单晶炉膛上，由两层石英玻璃（或厚玻璃）组成，两层玻璃中间通水，它是观察拉硅单晶过程中各种情况的窗口。

⑧ 热电偶装在直拉单晶炉膛的测温孔上，正对加热器中部。为了便于测量和使测量灵敏准确，一般通过聚光镜，将光聚集于热电偶堆上。

⑨ 电极装在炉膛底部，它的作用是支撑加热器（石墨）和保温系统（或通过石墨电极支撑），把强大的电流传给加热器，使加热器产生高温，熔化多晶硅。电极一般由紫铜制成，两层铜管成环状，内部通水。

（2）电气部分。电气部分由配电盘、控制柜和变压器组成。配电盘是整个直拉单晶炉的总电源，通过它把电流输送给控制柜。控制柜控制整个直拉单晶炉的安全正常运转、真空测量和加热功率的变化。加热电源通过控制柜后进入变压器，把220V（或380V）电压变成0～50V，送入直拉单晶炉的紫铜电极。

（3）热系统。直拉单晶炉的热系统由加热器、保温罩、石墨电极、石墨托碗以及石墨托杆组成。保温罩一般用高纯石墨和钼片制成。强大的电流通过加热器产生高温，由保温罩保温，形成热场。

(4) 水冷系统。用直拉单晶炉拉制硅单晶是在高温下进行的，因此，炉膛、观察窗、籽晶杆、坩埚杆、紫铜电极等必须进行水冷。直拉单晶炉都有庞大的水冷系统，它由进水管道、水阀、水压继电器、分水箱、各冷却部分水网、回水箱和排水管等组成。

(5) 氩气系统。直拉单晶炉拉制单晶的过程中，一般用氩气作为保护气体。市场上出售的氩有液态氩和瓶装气态氩，直拉单晶炉通常使用液态氩，液态氩储存在液氩罐内，液氩罐是双层的，中间抽成真空。一般说来液态氩纯度较高，能满足拉制硅单晶的要求。但液态氩在通入单晶炉前要经过气化，经过缓冲罐进入单晶炉，这样可以使气流稳定。

2.2.2.2 直拉单晶硅前的材料准备

1) 硅原料

硅原料是指准备装入石英坩埚中进行单晶拉制的原料。硅原料包括西门子法制得的多晶硅、硅烷法制得的多晶硅、直拉法制得的单晶回收料、坩埚的底料及硅片回收料等。

西门子法制备的高纯硅，所得多晶锭的不同部分如图 2.9 所示，因为用于直拉单晶硅的原料要破碎成短节和小块状，以便放入坩埚内，因此多晶锭的横梁料和碳头料可以作为直拉单晶硅的原料使用，而中间大块的直棒料可以用作对原料要求更高的区熔法的原料。

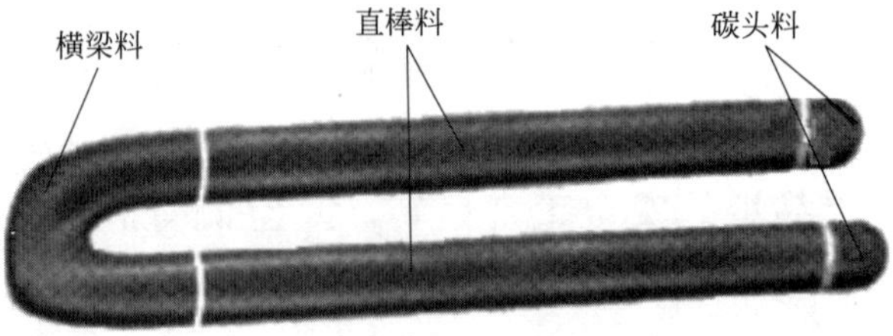

图 2.9 多晶锭的不同部分

单晶回收料包括单晶头尾料和单晶边皮料。单晶头尾料是指制成的单晶不能进行后续产品加工的剩余部分，如放肩、转肩的部位，以及经测试不合格的部分，如图 2.10 所示。单晶边皮料是指在硅片生产工艺中，制作硅片定位边时，去掉的圆弧形的边角余料，如图 2.11 所示。

图 2.10　单晶头尾料

图 2.11　单晶边皮料

坩埚的底料是指直拉单晶过程中没有被完全拉净而留在坩埚内的剩余料，如图 2.12 所示。通常情况下，埚底料只能用于拉制太阳能级的单晶。

硅片回收料是指在集成电路或光伏电池生产过程中产生的废硅片，如图 2.13 所示。由于目前拉制单晶的原料比较紧缺，因此回收这些废的硅片也是解决原料来源的方法之一。但是因为这些硅片在生产过程中，经过了掺杂、氧化、刻蚀等工艺，引入了很多的杂质，因

图 2.12　坩埚的底料

图 2.13　硅片回收料

此使用时需要经过仔细的处理，而且通常只能用于拉制太阳能级的单晶。

回收料在使用中应该注意对原料的分类。对于 P 型原料，应使所配比原料中的硼原子总浓度与目标电阻率所对应的硼原子浓度相等；对于 N 型原料，应使所配比原料中的磷原子总浓度与目标电阻率所对应的磷原子浓度相等。直拉单晶的原料使用前要破碎成块状，以便装入石英坩埚，一般情况下每块料块不超过 1kg。

2）掺杂剂

根据不同电阻率单晶的要求，掺杂剂分为纯元素和母合金两类。

拉制低电阻率单晶（电阻率小于 0.01Ω·cm），一般选用纯元素作为掺杂剂，如重掺杂锑单晶，应选用高纯锑作掺杂剂，重掺杂硼单晶，应选用高纯硼作掺杂剂。纯元素的粒度不能太大，要便于称量和包装，投入熔体使用时也可以防止熔体溅起。

拉制高电阻率单晶（电阻率大于 0.1Ω·cm），一般选用母合金作为掺杂剂，如磷硅合金、硼硅合金等。

母合金的制得方法有很多，可以在单晶炉内熔化多晶，再投入较多的纯元素，按照拉制重掺单晶的方法就可以拉制成含有该元素的母合金，也可以将重掺单晶的头尾料或是有缺陷的部分作为母合金。

3）籽晶

籽晶是单晶硅的种子，目前用得最多的是［111］晶向和［100］晶向的籽晶，偶尔还会用到［110］晶向的籽晶。用［111］晶向的籽晶生长的单晶，仍是［111］晶向，有对称的三条棱，互成 120°（也可以有对称的六条棱，互成 60°）；用［100］晶向的籽晶生长的单晶，仍是［100］晶向，有对称的四条棱，互成 90°。

籽晶在使用前需要进行腐蚀、清洗和烘干，再装入盒内待用，如图 2.14 所示。通常在籽晶的方头端面做好标识，用来识别籽晶的型

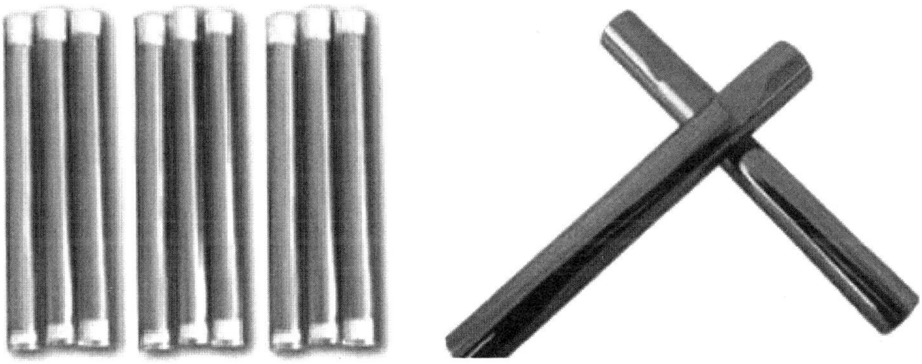

图 2.14　待用的籽晶

号和晶向，如图 2.15 所示。

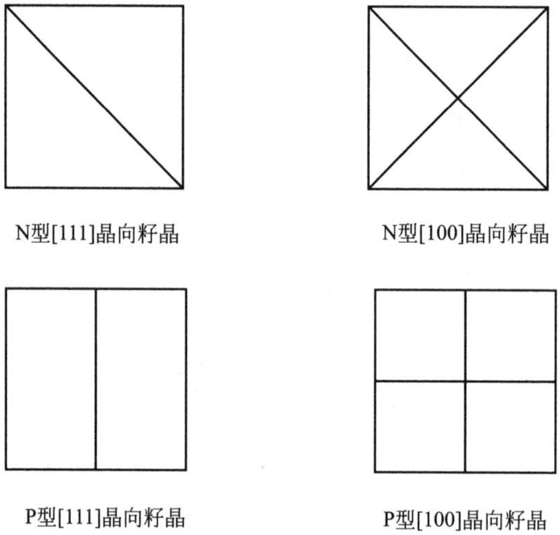

图 2.15　籽晶的型号和晶向标识

4）钼丝

钼是熔点很高（2600℃）的贵重金属，钼丝用来捆绑固定籽晶。通常选择直径在 0.3～0.5mm 的钼丝，这样的钼丝具有一定的强度和韧性。钼丝在使用前外表有一层黑灰色的附着物，需要用纱布蘸氢氧化钠溶液擦净，再用纯水清洗冲净，自然晾干以备使用。

也有的直拉单晶炉不是使用钼丝来捆绑固定籽晶，而是将钼做成籽晶的夹头来夹住籽晶的。

2.2.2.3　直拉单晶硅前的材料清洁处理

拉制硅单晶所用的多晶硅材料及掺杂用的中间合金、石英坩埚、籽晶等，都必须经过严格的化学清洁处理。其目的是除去表面的附着物和氧化物，得到清洁而光亮的表面。化学处理的基本步骤是腐蚀、清洗和烘干。

硅的化学性质稳定，几乎不溶于所有的酸，但溶于氢氟酸和硝酸的混合溶液。对硅常用的化学腐蚀液由氧化剂与络合剂组成。常用的氧化剂是硝酸，常用的络合剂是氢氟酸。硝酸起氧化作用，纵向深入硅，氢氟酸起络合作用，横向剥离氧化层。可用氢氟酸与硝酸的比例是1∶10～1∶7的混合溶液进行腐蚀，它们的反应原理如下：

$$SiO_2+6HF \longrightarrow H_2SiF_6+2H_2O$$

$$Si+4HNO_3 \longrightarrow SiO_2+2H_2O+4NO_2$$

最后再用去离子水洗净酸液，烘干备用。

2.2.3 直拉单晶硅的工艺流程

2.2.3.1 装炉前的准备

在高纯工作室内，操作人员要戴上清洁处理过的薄膜手套，将清洁处理好的定量多晶硅，放入洁净的坩埚内，坩埚内的多晶硅堆成馒头形。用万分之一精度的光学天平称好掺杂剂，放入清洁的小塑料袋内。打开炉门，取出上次拉的硅单晶，卸下籽晶夹，取出用过的石英坩埚，取出保温罩和石墨托碗，用毛刷把上面的附着物刷干净。用尼龙布沾无水乙醇擦干净炉壁、坩埚杆和籽晶杆。擦完后，把籽晶杆、坩埚杆升到较高位置，最后用高压空气吹洗保温罩、加热器和石墨托碗。

2.2.3.2 装炉

腐蚀好的籽晶装入籽晶夹头，籽晶夹头有卡瓣式和捆扎式，无论采用哪种结构形式，籽晶一定要装正、装牢，否则，晶体的生长方向会偏离要求的晶向，拉晶时籽晶会脱落，会发生事故。将清理干净的石墨器件装入单晶炉，调整石墨器件位置，使加热器、保温罩、石墨托碗保持同心，调节石墨托碗，使它与加热器上缘水平，记下位置，然后把装好的籽晶夹头和防渣罩一起装在籽晶杆上。将称好的掺杂剂放入装有多晶硅的石英坩埚中，再将石英坩埚放在石墨托碗里。在单晶炉内装多晶硅时，先将石英坩埚放入托碗，然后往石英坩埚内放多晶块，多晶硅装完后，用塑料布将坩埚盖好，再把防渣罩和装好籽晶的夹头装在籽晶杆上。转动坩埚杆，检查坩埚是否放正，多晶硅块放得是否牢固，一切正常后，坩埚降到熔硅位置。所有工作准确无误后，关好炉门，开动机械泵和低真空阀门抽真空，即可加热熔硅。

2.2.3.3 熔硅

开启加热功率按钮，加热大约半小时升到熔硅的最高温度（约1500℃）进行熔硅。熔硅时，应特别注意真空度的高低，真空过低时，应暂时停止加温，待真空回升后，再继续缓慢加温；多晶硅块附在坩埚边时应进行处理；多晶硅块大部分熔化后，硅熔液有激烈波动时必须立刻降温。一般说来，在流动气氛下或在减压下熔硅比较稳定。熔硅温度升到1000℃时应转动坩埚，使坩埚各部分受热均匀。当仅剩一小块硅块未熔化时，逐渐降温，升高坩埚，较快地降到引晶功率，多晶硅会全部熔完，然后将坩埚升到引晶位置，同时关闭扩散泵和高真空阀门，只开机械泵保持低真空，转动籽晶杆，下降籽晶至熔硅液面3～5mm处。减压下拉晶，关闭高真空后以一定流量通入高纯氩气，同时调整低真空阀门使炉膛保持恒定真空。流动氩气下拉晶，硅熔化完后，同时关闭机械泵、扩散泵以及高真空和低真空阀门，以一定流量通入高纯氩气，调整排气阀门，使炉膛保持一定的正压强，转动籽晶杆，降下籽晶。如果用掺杂勺掺杂，应关闭真空泵、扩散泵、真空阀门后，通入炉膛高纯氩气，把掺杂勺移到坩埚中心，将掺杂剂倒入坩埚，移回掺杂勺，使籽晶转动下降。

2.2.3.4 引晶

直拉单晶的主要工艺流程如图2.16所示。

多晶硅全部熔完后，籽晶下降到距离熔硅3～5mm处烘烤两三分钟，使籽晶温度接近熔硅温度，籽晶再下降与熔硅接触，通常称此过程为“下种”，如图2.16(a)所示。

下种前，必须确定熔硅温度是否合适，初次引晶，应逐渐分段少许降温，待坩埚边上刚刚出现结晶，再稍许升温使结晶熔化，此时的温度就是合适的引晶温度，也可以观察坩埚边效应，确定引晶温度。所谓坩埚边效应，就是坩埚壁上熔硅的液面有起伏现象，温度高时，

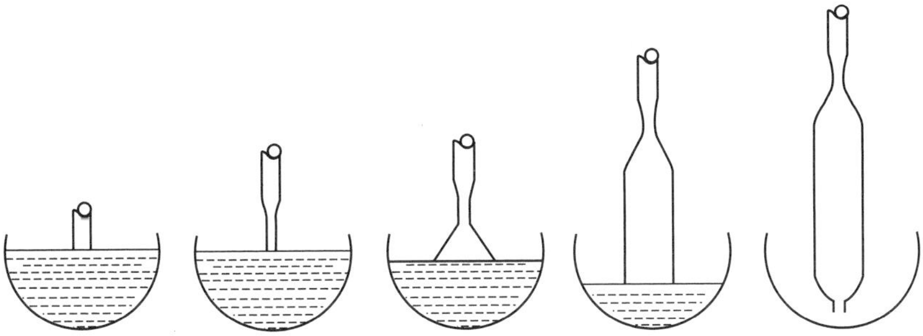

图 2.16　直拉单晶的主要工艺流程示意图

坩埚与熔硅反应，生成一氧化硅气体逸出熔硅液面，带动坩埚边的熔硅起伏，温度越高，硅与二氧化硅的反应越激烈，起伏越大。其化学反应式如下：

$$SiO_2 + Si \longrightarrow 2SiO \uparrow$$

通过观察坩埚边液面的起伏情况，可以判断熔体温度的高低，熔硅沿坩埚壁上爬，顶端出现隐隐约约的小黑点或细黑丝时的温度基本上就是引晶温度。用观察坩埚边效应的方法确定引晶温度，必须有较丰富的拉晶经验，一般不采用。

如果不是初次引晶，则可参照上次的引晶温度，稍稍升高或降低，就可以很容易找到合适的引晶温度。

无论用哪种方法确定的引晶温度都不是很准确。准确的引晶温度只有籽晶和熔硅接触后才能确定。

(1) 温度偏低。如图 2.17(a) 所示，下种后籽晶周围不出现光圈，籽晶未被熔接；相反，如果马上出现一片白色结晶，而且越来越大，说明熔硅温度偏低，应立即升温。

(2) 温度偏高。如图 2.17(b) 所示，下种后籽晶周围马上出现光圈，很亮即很刺眼，而且籽晶与熔硅接触面越来越小，光圈抖动厉害，表示温度偏高，应立即降温，否则会熔断。这种情况有两种可能：一是实际加热功率偏高，应适当降低功率，隔几分钟再下种；二是由于熔硅和加热器保温系统热惰性引起的，说明硅熔完后下种过急，温度没有稳定，应稳定几分钟后再下种。

（3）温度合适。如图 2.17(c) 所示，合适的引晶温度是籽晶和熔硅接触后，籽晶周围逐渐出现光圈，但无尖角，光圈柔和圆润，籽晶既不长大，也不缩小而熔断。若籽晶是方形，籽晶和熔硅接触的四条棱变成针状，面上呈圆弧形，圆弧直径略小于籽晶断面的棱长。

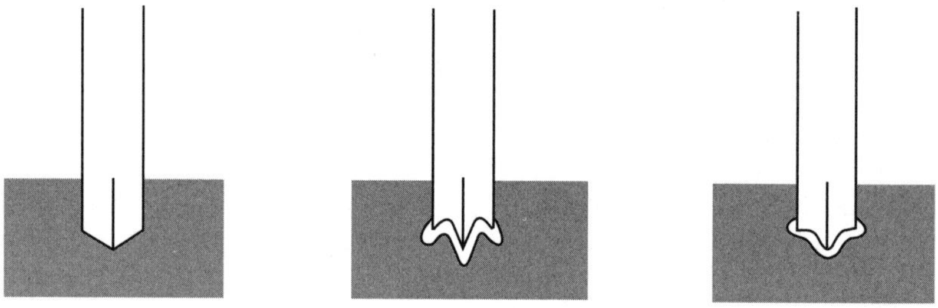

(a) 温度偏低　(b) 温度偏高　(c) 温度合适

图 2.17　引晶温度高低的判定

温度合适后提拉籽晶，开始提拉时速度要缓慢，籽晶上出现三个均匀分布的白点（[111] 晶向单晶），或者四个对称分布的白点（[100] 晶向单晶），引出的晶体就是单晶，引晶过程结束。引晶时的籽晶相当于在硅熔体中加入了一个定向晶核，使晶体按晶核方向定向生长，制得所需要晶向的单晶，同时晶核使晶体能在过冷度小的熔体中生长，自发成核困难，容易长成单晶。

2.2.3.5　缩颈

引晶熔接好以后，稍降温就可以开始缩颈了。缩颈又称为收颈，如图 2.16(b) 所示，是指在引晶后略降低温度，提高拉速，拉一段直径比籽晶还细的部分，故称为缩颈。缩颈不宜太短也不宜太粗。缩颈是为了排除引出单晶中的位错。下种时，虽然本身不会在新生长的晶体硅中引起位错，但是在籽晶刚碰到液面时，由于籽晶和熔硅温差大，高温的熔硅对籽晶造成强烈的热冲击，籽晶头部产生大量位错，这些位错甚至能够延伸到整个晶体，通过缩颈，使晶体在生长中将位错“缩掉”，成为无位错单晶。缩颈时要求新结晶的单晶硅直径比籽晶的直径小，细颈均匀、修长，无糖葫芦状，直径为 3mm，其长度约为此时晶体直径的 10 倍左右，细颈棱线对称且连续。

2.2.3.6 放肩和转肩

细颈达到规定长度后，如果晶棱不断，立刻降温，降拉速，使细颈逐渐长大到规定的直径，此过程称为放肩，如图 2.16(c) 所示。缩颈完毕后，降拉速降至 0.5mm/min，温度稍降，直径开始放大。放肩角控制在 120°～160°之间。放肩要求棱线对称、清楚、连续，表面平滑且圆润。在放肩的过程中，由于放大速度很快，必须及时检测直径的大小，当直径约差 10mm 接近目标值时，可提高拉速至 3mm/min，进入转肩。转肩过程晶体仍在长大，只是速度慢了，最后不再长大，转肩就完成了。

2.2.3.7 等径生长

硅单晶等径生长如图 2.16(d) 所示。一方面，随着单晶长度的不断增加，单晶的散热表面积就越大，散热速度也越快，单晶生长表面的熔硅温度降低，单晶直径增加；另一方面，单晶长度不断增加，熔硅则逐渐减少，坩埚内熔硅的液面逐渐下降，熔硅液面越来越接近加热器的高温区，单晶生长界面的温度越来越高，使单晶变细。要想保持单晶等直径生长，加热功率的增加或减少，要看这两个过程的综合效果。一般来说，单晶等直径生长过程是缓慢降温过程，在单晶等直径生长过程中，为了减少降温幅度或不降温，逐步降低拉速，连续升高坩埚，可达到目的。坩埚升高速度的快慢和拉晶速度降低的多少，主要影响加热功率的变化，坩埚上升速度快，保持单晶等直径生长，可以少降温；拉晶速度降低较快，可以不降温甚至可以升温。单晶炉一般都有温度和单晶等直径自动控制系统。当单晶进入等直径生长后，调整控制等直径生长的光学系统，打开电气自动控制功能，使其自动等径拉晶。

2.2.3.8 收尾

等径生长到尾部，在剩料不多的情况下就要进行收尾工作了，如图 2.16(e) 所示。收尾是为了减少位错缺陷，如果无收尾过程，直接将晶体提高离开液面，则提断处会产生大量位错。尾部收得好坏对单晶的成品率有很大影响。特别是 [111] 晶向生长的单晶，尾部收得好，可以大大提高单晶的成品率。单晶拉完后，由于热应力作用，尾部会产生大量位错，沿着单晶向上延伸，延伸的长度约等于单晶尾部的直径，单晶尾部直径大，位错向上延伸得长，单晶成品率会大大降低，因此要尽量缩小单晶尾部的直径。[100] 晶向生长的单晶，尾部收得好坏，对单晶成品率影响不大。还有些单晶，如电阻率在 $10^{-3}\Omega\cdot cm$ 重掺锑单晶，收尾好坏，对单晶成品率毫无影响。单晶硅有两种收尾方法：慢收尾和快收尾。慢收尾时要慢升温，缓慢提高拉速或拉速不变，使单晶慢慢长细，完成收尾后，把单晶提离熔体约 20mm。快收尾主要升温快，拉晶速度高，单晶很快收缩变细，完成收尾后，使单晶脱离熔体约 20mm。

2.2.3.9 停炉

单晶提起后，马上停止坩埚转动和籽晶杆转动，加热功率降到零位。停掉加热电流，关闭低真空阀门、排气阀门和进气阀门，停止真空泵运转，关闭所有控制开关。晶体冷却 1～2h 后，拆炉取出晶体，送检验部门检验。直拉法能够以较快的速度生长出高质量的晶体，其生长率和晶体尺寸令人满意，生产的单晶锭如图 2.18 所示。

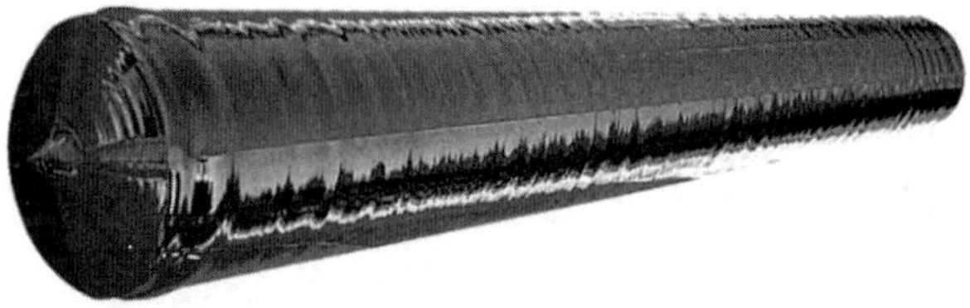

图 2.18 单晶锭

2.3 晶圆制备

晶锭还要经过一系列加工才能形成符合集成电路制造要求的半导体衬底，即晶圆，如图 2.19 所示。硅为集成电路制造中最重要的半导体材料，超过 90％的集成电路芯片都是在硅片上制作而成的，因此我们以硅晶圆制备为例，讲解晶圆的制备。

图 2.19 晶圆

1）截断

截断如图 2.20 所示，把单晶硅锭的两端去掉，两端通常叫做籽晶端（籽晶所在的位置）和非籽晶端（与籽晶相对的另一端），即切去单晶硅的头部和尾部后，将单晶硅锭分段成切片设备可以处理的长度，再将其固定在滚磨机的转动轴上。

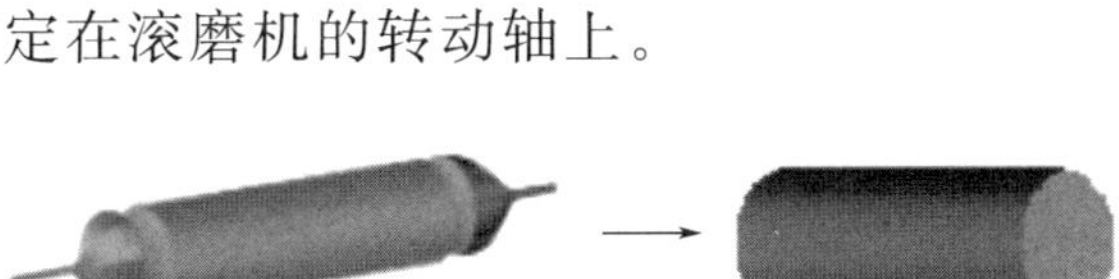

图 2.20 截断

截断的主要作用有以下两点。

（1）单晶硅锭的头尾部杂质含量与中间部分相差较大。

(2) 头尾直径小于中部，为了后续工艺中得到相同直径的晶圆片，必须截断。

2) 直径研磨

由于晶体生长中直径和圆度的控制不可能很精确，所以单晶硅锭都要长得稍大一点以进行径向研磨。由于晶圆的制造过程中有各种各样的晶圆固定器和自动设备，精确的直径控制是非常关键的，初拉出来的单晶硅尽管对外形直径有一定要求，但往往是不均匀的，不能将直径不均匀的单晶用于生产，因此先要进行研磨工艺，使单晶硅的直径达到一致的要求。在无中心的直径研磨机上进行滚磨得到精确直径的单晶硅，并且通过严格的直径控制也可以减少晶圆翘曲和破碎。

研磨机上装有金刚砂轮（或金刚刀），可以自动调节进刀量（或切削量）。进刀量一般是从头部定到尾部，同时将冷却液喷到刀口上。经过这样的滚动摩擦处理，就可以把直径不均匀的单晶硅变得均匀一致，如图 2.21 所示。

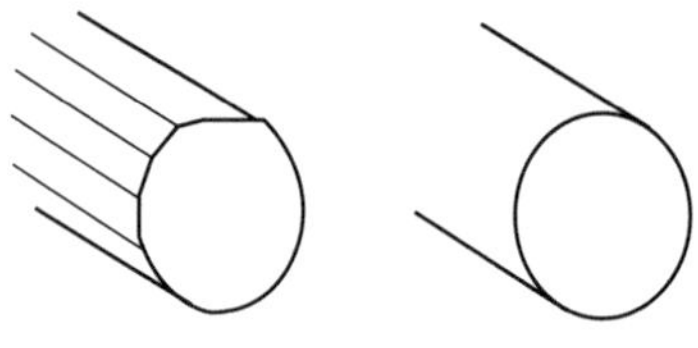

图 2.21 直径研磨

3) 磨定位面

单晶体具有各向异性的特点，必须按特定晶向进行切割，才能满足生产的需要，也不至于碎片，所以切割前应先定向。随着半导体器件和集成电路制造技术的发展，所使用的晶圆片的尺寸日益增大。若沿着解理面来分割芯片，那么解理处比较平整，且比较容易裂开，晶片的碎屑也少，从而减少了碎屑铝条的划伤和划片中管芯的损伤率。同时，大晶片在制造过程中，需经过次数不同的挟持，这会产生很大的机械应力。有了定位面以后，就可以认定某个部位去挟持，这样可以减少损伤面积。另外，在制造芯片的过程中，自动化过程越来越高，也需要有一个定位面来适合这种要求。因此单晶体经研磨后，还要切割出一个定位面来。

定向的原理是用一束可见光或 X 光射向单晶锭端面，由于端面上晶向的不同，其反射的图形也不同。根据反射图像，可以校正单晶锭的晶向。一旦晶体在切割块上定好晶向，就沿着轴研磨出一个参考面，如图 2.22 所示。

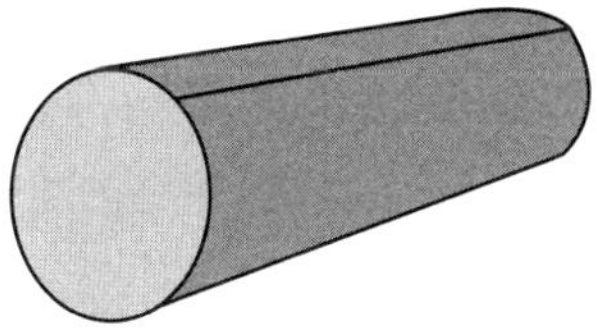

图 2.22　定位面研磨

在许多晶体中，边缘有第二个较小的参考面，称为次参考面，用来区别导电类型。主、次定位边的角度标识了硅片的类型，如图 2.23 所示。

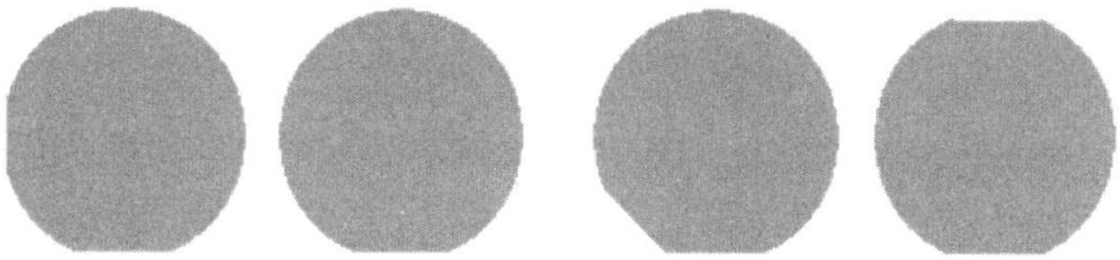

图 2.23　硅片的类型标志

4）**切片**

晶锭的外形处理完之后接着进行定向切片，用有金刚石涂层的内圆刀片把晶圆从晶体上切下来。这些刀片是中心有圆孔的薄圆钢片。圆孔的内缘是切割边缘，用金刚石涂层。内圆刀片有硬度，但不用非常厚，这些因素可减少刀口（切割宽度）尺寸，也就减少了一定数量的晶体被切割工艺所浪费。对于大尺寸晶圆，比如 300mm 直径晶圆，使用线切割来保证小锥度的平整表面和最少量的刀口损失。经过这道工序后晶锭重量损耗了大约三分之一。单晶硅在切片时，硅片的厚度、晶向、翘曲度和平行度是关键参数，需要严格控制。晶片切片的要求是：厚度符合要求；平整度和弯曲度要小；无缺损；无裂缝；刀痕浅。

单晶硅切成硅片，通常采用内圆切片机或线切片机。内圆切片机采用高强度轧制圆环状钢板刀片，外环固定在转轮上，将刀片拉紧，环内边缘有坚硬的颗粒状金刚石，内圆切片机的外形如图 2.24 所示。切片时，刀片高速旋转，速度达到 1000～2000r/min。在冷却液的作用下，固定在石墨条上的单晶硅会向刀片做相对移动，如图 2.25 所示。这种切割方法，技术成熟，刀片稳定性好，硅片表面平整度较好，设备价格相对便宜，维修方便。

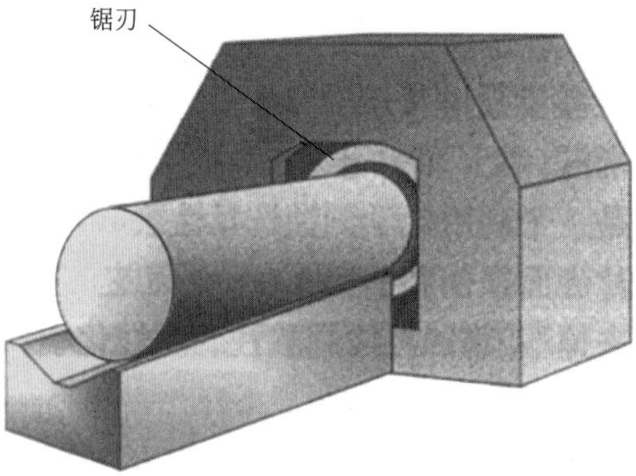

图 2.24　内圆切片机外形

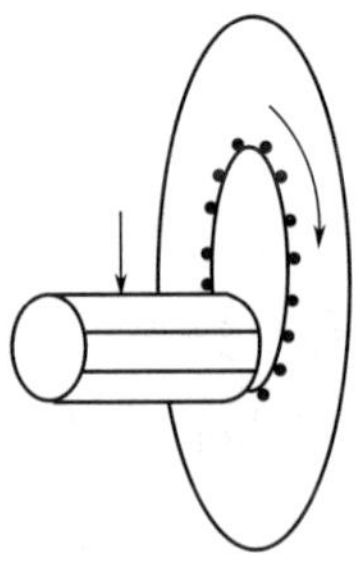

图 2.25　内圆切片示意图

5）磨片

切片完成后，对于硅片表面要进行研磨机械加工。磨片工艺的目的包括以下两点。

① 去除硅片表面的刀痕，使硅片表面加工损伤均匀一致。

② 调节硅片厚度，使片与片之间厚度差逐渐缩小，并提高表面平整度和平行度。

磨片的效果与研磨料、研磨条件、研磨的方法和设备密切相关。

研磨时对磨料的要求是：对晶片的磨削性能好；磨料颗粒大小均匀；磨料具有一定的硬度和强度。在实际研磨过程中要不断加入研磨剂。硅是一种硬度很高的材料，所以能够用于研磨硅晶体的磨料必须具有比硅更高的硬度。目前可以用于硅片研磨的磨料主要有 Al_2O_3、SiC、ZrO_2、SiO_2、B_4C 等高硬度材料，其中以 Al_2O_3 和 SiC 应用最为普遍。磨料的粒径应该尽可能均匀，对最大粒径应有明确的规定，混入磨料中的少量大颗粒可能会在硅片表面产生严重的划伤。实际应用的研磨剂是用粉末状磨料与矿物油配制而成的悬浮液，在使用前研磨剂应进行充分的搅拌。

研磨按照机械运动形式的不同可分为旋转式磨片法、行星式磨片法和平面磨片法等。按表面加工的特点不同又可分为单面磨片法和双面磨片法。所谓单面磨片法，就是对一面进行研磨，双面磨片法就是两面都要研磨。

目前使用最普遍的是行星式磨片法，如图 2.26 所示。采用双面磨片机，有上下两块磨板，中间放置行星片，硅片就放在行星片的孔内。磨片时，磨盘不转动，内齿轮和中心齿轮转动，使行星片与磨盘之间做行星式运动，以带动硅片做行星式运动，在磨料的作用下达到研磨的目的。行星片由特殊钢、普通碳钢或锌合金加工而成。外径随磨盘尺寸的不同可分为几种型号，一般来讲，用特殊钢制成的行星片强度要大一些。

在研磨晶体基片前首先要进行选片，也就是要把切割好的晶体基片按不同厚度进行分类，将厚度一样的晶体基片进行粘片，准备研

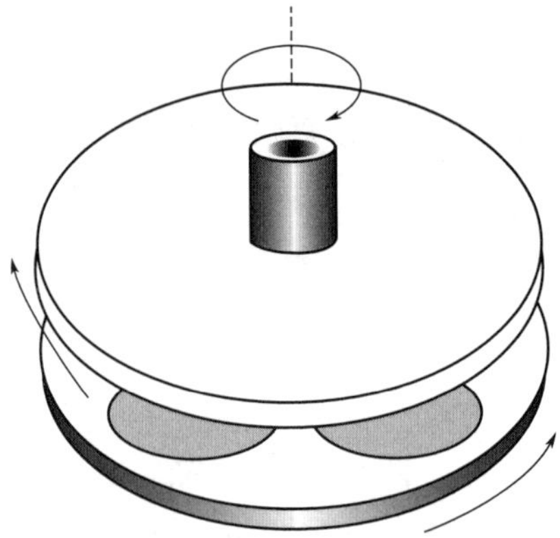

图 2.26 行星式磨片法

磨。因此，影响晶体基片平整度的因素包括选片、粘片和在研磨过程中磨料分布的情况，以及晶体基片本身的质量。

磨料的颗粒大小和颗粒度的均匀性，与被研磨的晶体基片表面质量有很大关系。在一定的工艺条件下，损伤层深度正比于所使用的磨料颗粒度大小，粗的磨料引起较深的损伤层，反之损伤层小，所以，磨片工序分为粗磨和精磨两道工序。粗磨工序用于快速减薄晶体基片，精磨工序用于改善片面质量，这是因为磨料的颗粒大小对研磨效率有较大的影响，磨料颗粒度的大小与研磨速度成正比，与研磨质量成反比。研磨速度与机械的转数成正比，压力越大，研磨效率就越高，但是压力过大，容易产生碎片现象和损伤增大，研磨速度也随磨料浓度的增加而增大。因此，要得到好的研磨质量，同时又能提高生产效率，就必须选用适当的磨料、合理的压力以及合适的机器转数。

6）倒角

倒角加工如图 2.27 所示，是用具有特定形状的砂轮磨去硅片边缘锋利的崩边、棱角和裂缝等。

对硅片倒角可使硅片边缘获得平滑的半径周线，这一步可以在磨片之前或之后进行。在硅片边缘的裂痕和小裂缝会在硅片上产生机械应力并会产生位错，尤其是在硅片制备的高温过程中。小裂缝会在生产过程中成为有害沾污物的聚集地，并产生颗粒脱落，平滑的边缘半径可以将这些影响降到最小。

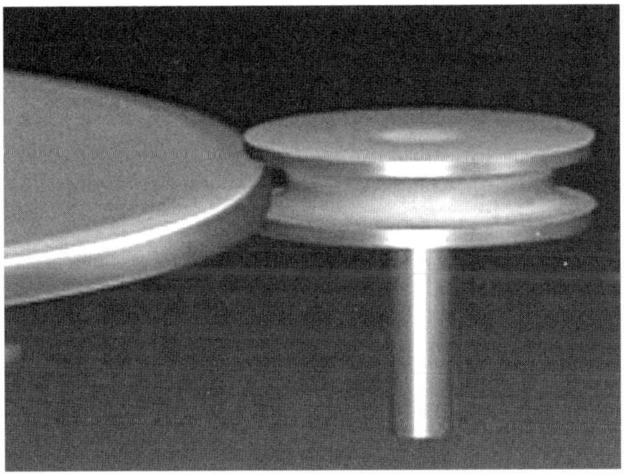

图 2.27　倒角加工

倒角的目的主要有以下三个。

（1）防止晶圆边缘碎裂。晶圆在制造与使用的过程中，常会受到机械手等的撞击而导致晶圆边缘破裂，形成应力集中的区域。这些应力集中的区域会使得晶圆在使用中不断地释放污染粒子，进而影响产品的成品率。

（2）防止热应力的集中。晶圆在使用时，会经历无数的高温工艺，如氧化、扩散等，当这些工艺中产生的热应力大小超过硅晶格的强度时，即会产生位错与层错缺陷，晶边磨圆可以避免该类缺陷在晶边产生。

（3）增加外延层和光刻胶层在晶圆边缘的平坦度。在外延工艺中，锐角区域的生长速度会比平面高，因此，用没有磨圆的晶圆容易在边缘产生突起。同样，在利用旋转涂布机涂光刻胶时，光刻胶溶液也会在晶圆边缘发生堆积现象，这些不平整的边缘会影响掩模板对焦的精确性。

7）抛光

抛光是硅片表面的最后一道重要加工工序，也是最精细的表面加工。抛光的目的是除去表面细微的损伤层，得到高平整度的光滑表面。

抛光工艺可以分为以下三类。

（1）机械抛光法。机械抛光的原理与磨片工艺相同，但其采用的磨料颗料更细些。机械抛光的硅片一般表面平整度较高，但损伤层较深，若采用极细的磨料抛光则速度很慢。目前工业上一般已不采用机械抛光法。

（2）化学抛光法。化学抛光常用硝酸与氢氟酸的混合腐蚀液进行。经化学抛光的硅片表面可以做到没有损伤，抛光速度也较快，但平整度相对较差，因此在工业生产中化学抛光一般作为抛光前的预处理，而不单独作为抛光工艺使用。

（3）化学-机械抛光法。化学-机械抛光法（CMP）利用抛光液对硅片表面的化学腐蚀和机械研磨同时作用，兼有化学抛光和机械抛光两种抛光法的优点，这是现代半导体工业中普遍采用的抛光方法。化学-机械抛光法所采用的抛光液，一般是由抛光粉和氢氧化钠溶液酿成的胶体溶液，抛光粉通常为 SiO_2。

抛光机的结构如图 2.28 所示。贴有硅片的平板安装在抛光机上盘的下面，上盘可以升降和调整压力，下盘是一个直径很大的圆盘，内部需要通水冷却，表面覆盖韧性多孔的聚酯或聚氨酯质的抛光布。抛光时下盘在电动机带动下转动，粘有硅片的平板可绕自己的轴转动，以保证抛光的均匀，抛光液从下盘中央注入，在离心力的作用下

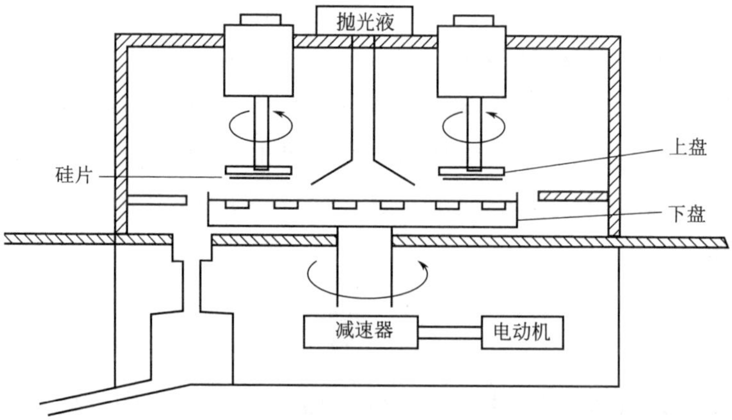

图 2.28　抛光机的结构

向周围散开。抛光过程中由测温仪控制盘温。抛光液中的氢氧化钠起到化学腐蚀的作用，使硅片表面生成硅酸钢盐，通过二氧化硅胶体，对硅片产生机械摩擦，随之又被抛光液带走。这样就实现了去除表面损伤面的抛光作用。

对直径为 200mm 及更小的硅片来说，仅对上表面进行抛光，背面仍保留化学刻蚀后的表面，这就会在背面留下相对粗糙的表面，大约要比经过化学-机械抛光后的表面粗糙度值大 3 倍左右。它的目的是提供一个粗糙表面来方便器件传送。

对直径为 300mm 的硅片来说，一般用化学-机械抛光法进行双面抛光（DSP）。硅片在抛光盘之间行星式的运动轨迹在改善表面粗糙度的同时，也使硅片表面平坦且两面平行。抛光后硅片的两面会像镜子一样，抛光后的硅片如图 2.29 所示。

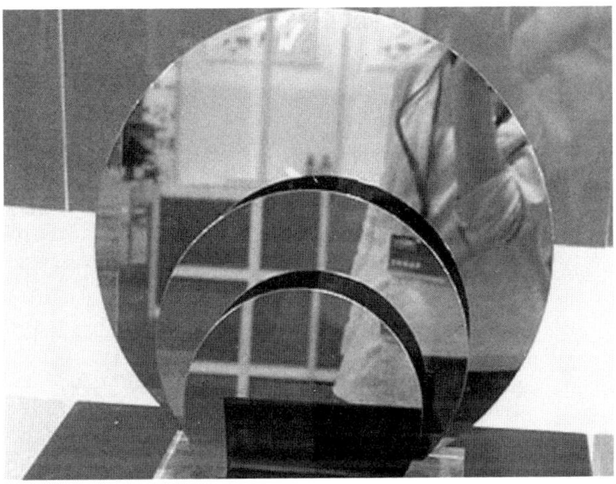

图 2.29　抛光后的硅片

抛光加工时应注意以下几方面的问题。

① 一般来说，硅片需要经过两次抛光，表面才能达到集成电路工艺的要求。第一次抛光一般用氧化镁进行粗抛，其目的是去除硅片表面残留的机械损伤，一般要求从表面除去 30μm 的厚度。第二次抛光用二氧化硅进行细抛，其目的是去除第一次抛光在硅片表面留下的轻微损伤和云雾状缺陷，要求从表面除去 2～3μm 的厚度。太阳能电池一般仅用一次抛光即可。

② 对硅片进行腐蚀，然后按厚度分档上机抛光。抛光前的工艺过程中须留有足够的可加工余量，以彻底去除硅片表面的机械损伤。

③ 抛光液浓度对硅片质量的影响。抛光液刚配制好时，其流动性最好，抛光效果也就最好。使用一段时间后，抛光液变稠，会对硅片表面有破坏作用，因此要注意抛光液的使用时间。

④ 硅片上的压强、转速与抛光速度的关系。加在硅片上的压强要恰当，压强太大，则磨削时产生热量多，容易造成粘片；压强太小，抛光速度太慢，硅片表面可能出现桔皮形状。转速太高，易造成摩擦热，化学腐蚀速度增快，使硅片出现腐蚀坑，因此，硅片的压强和转速要控制好。

⑤ 抛光时间与质量的关系。抛光时间不仅与工艺有关，还与质量要求有关。如果磨片十分光洁，而且表面损伤很小，那么抛光时间就缩短些，反之则加长。

Chapter 3

第3章 集成电路制造

集成电路制造主要有薄膜制备、光刻和刻蚀、掺杂等工艺，反复运用这几种工艺就可以在晶圆上制造出各种集成电路。

3.1 薄膜制备

集成电路制造过程中要使用多种类型的薄膜来达到特定的作用，包括介质膜、半导体膜、导体膜以及超导体膜等。介质膜的材料主要有：SiO_2、Al_2O_3、TiO_2、Fe_2O_3、磷硅玻璃（PSG）、硼磷硅玻璃（BPSG）和 Si_3N_4。半导体膜的材料主要有：Si、Ge、GaAs、GaP、AlN、InAs 和 V_2O_3。导体膜的材料有：Al、Ni、Au、Pt、Ti、W、Mo、WSi_2 和掺杂多晶硅。超导体膜的材料有：Nb_3Sn、NbN 和 Nb_4N_5。

3.1.1 氧化法制备二氧化硅膜

3.1.1.1 二氧化硅的作用

1）作为绝缘介质

二氧化硅不导电，是绝缘体，它的热膨胀系数与硅相近，在加热或冷却时，晶圆不会弯曲，所以二氧化硅膜常用做场氧化层或绝缘材料。

2）掩蔽杂质

二氧化硅在集成电路制造中的重要用途之一是作为选择扩散的掩蔽膜。生产中往往是在硅表面某些特定的区域内掺入一定种类、一定数量的杂质，其余区域不进行掺杂。为了达到上述目的，常采用选择扩散的方法。选择扩散是根据某些杂质，在条件相同的情况下，在 SiO_2 中的扩散速度远小于其在硅中扩散速度的性质来完成的，即利用 SiO_2 层对某些杂质能起到“掩蔽”的作用来达到的。实际上，掩蔽是相对的、有条件的，因为杂质在硅中扩散的同时，在 SiO_2 中也进行扩散，只是扩散的速度相差非常大。在相同条件下，杂质在硅中的扩散深度已达到要求时，其在 SiO_2 中的扩散深度还很小，没有穿透预先生长的 SiO_2 层，因而在 SiO_2 层保护下的那部分硅内没有杂质进入，客观上就起到了掩蔽的作用。

3）作为表面钝化层

二氧化硅膜硬度高，密度高，可防止表面划伤，并且对环境中的污染物可起到很好的屏障作用，一些可移动离子污染物，也被禁锢在二氧化硅膜中。在晶圆表面生长一层二氧化硅可以束缚硅的悬挂键，阻止晶圆表面硅电子的各种活动，提高器件的稳定性和可靠性，起到钝化保护的作用。它能防止电性能退化，减少由于潮湿、离子或其他外部污染造成的漏电流的产生。在制造过程中，还可以防止晶圆受到机械损伤。

3.1.1.2 热氧化法制备二氧化硅膜

二氧化硅的制备方法有许多种，热氧化法是应用最为广泛的，这是由于它不仅具有工艺简单、操作方便、氧化膜质量最佳、膜的稳定性和可靠性好等优点，还能降低表面悬挂键，从而使表面态势密度减小，很好地控制界面陷阱和固定电荷。

硅的热氧化是指在 1000℃ 以上的高温下，硅经氧化生成二氧化硅的过程。热氧化法包括干氧、水氧和湿氧三种方法。

（1）干氧氧化。干氧氧化是在高温下，氧分子与硅直接反应生成二氧化硅，反应式为：

$$Si + O_2 \longrightarrow SiO_2$$

干氧氧化系统如图 3.1 所示，氧化温度约为 1000～1200℃，干氧生长的氧化膜表面干燥，结构致密，光刻时与光刻胶接触良好，不易产生浮胶，但氧化速率极慢。

（2）水氧氧化。水氧氧化是指在高温下，硅与高纯水蒸气反应生成二氧化硅膜，反应式为：

$$Si+2H_2O \longrightarrow SiO_2+2H_2\uparrow$$

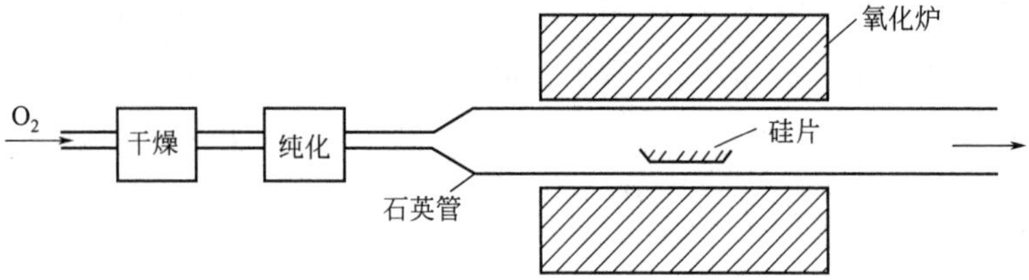

图 3.1　干氧氧化系统

水氧氧化系统如图 3.2 所示，对高纯水加热产生高纯水蒸气，水汽进入氧化炉与硅片反应生成二氧化硅膜。水氧氧化的氧化速率较快，但膜层不致密，质量很差，特别是对杂质扩散的掩蔽作用较差，所以这种方法目前基本不采用。

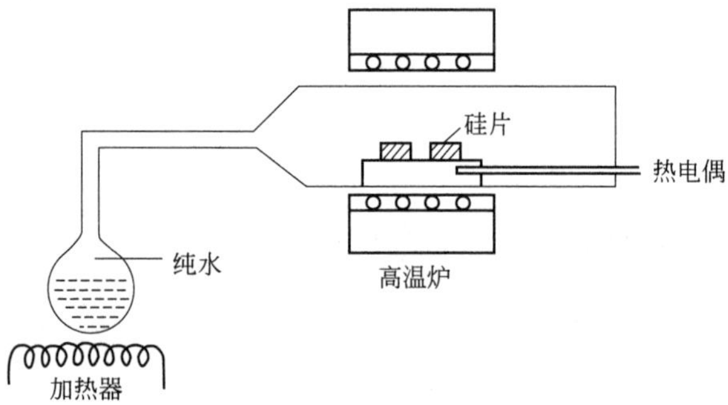

图 3.2　水氧氧化系统

(3) 湿氧氧化。湿氧氧化中，用携带水蒸气的氧气代替干氧，氧化剂是氧气和水的混合物，反应过程为：氧气通过 95℃ 的高纯水，氧气携带水汽一起进入氧化炉，在高温下与硅反应。

湿氧氧化相当于干氧氧化和水汽氧化的综合，其速率介于两者之间。具体的氧化速率取决于氧气的流量和水汽的含量。水温越高，则水汽含量越大，氧化膜的生长速率和质量越接近于水氧氧化的情况。反之，如果水汽含量比较小，则更接近于干氧氧化。

3.1.2　化学气相沉积法制备薄膜

沉积也叫积淀，是指在晶圆上沉积一层膜的工艺。沉积薄膜的工艺主要包括化学气相沉积和物理气相沉积。

3.1.2.1 化学气相沉积概述

化学气相沉积（CVD）是指单独综合地利用热能、辉光放电等离子体、紫外光照射、激光照射或其他形式的能源，使气态物质在固体的热表面上发生化学反应，形成稳定的固态物质，并沉积在晶圆片表面上的一种薄膜制备技术。

目前在集成电路的制造中，除了某些薄膜（尤其是金属膜）因特殊原因外，其他所有薄膜材料均可以用 CVD 法来沉积。主要的介电材料有 SiO_2、Si_3N_4、硼磷硅玻璃（BPSG）及磷硅玻璃（PSG）等；导体有 WSi_x、W 及多晶硅等；半导体有硅、GaAs 和 GaP 等。

用 CVD 法沉积薄膜，实际上是从气相中生长晶体的物理-化学过程。对于气体不断流动的反应系统，其生长过程可分为以下几个步骤。

① 参加反应的混合气体被输送到衬底表面。

② 反应物分子由主气流扩散到衬底表面。

③ 反应物分子吸附在衬底表面上。

④ 吸附分子与气体分子之间发生化学反应，生成固态物质，并沉积在衬底表面。

⑤ 反应副产物分子从衬底表面解析。

⑥ 副产物分子由衬底表面扩散到主气体流中，然后被排出沉积区。

以上这些步骤是连续发生的，每个步骤的生长速率是不同的，总的沉积速率由其中最慢的步骤决定，这一步骤称为速率控制步骤。

在常压下，各种不同硅源沉积硅薄膜的速率与温度有关。在高温区，沉积速率对温度不太敏感，这时沉积速率实际由反应剂的分子通过扩散到达衬底表面的扩散速率，即步骤②的速率决定。在低温区，沉积速率和温度之间成指数关系，这时的沉积速率实际是由步骤④决定的。

化学气相沉积反应必须满足三个挥发性标准。

（1）在沉积温度下，反应剂必须具备足够高的蒸气压，使反应剂以合理的速度引入反应室。如果反应剂在室温下都是气体，则反应装置可以简化；如果在室温下反应剂挥发性很低，则需要用携带气体将反应剂引入反应室，在这种情况下，接反应器的气体管路需要加热，以免反应剂凝聚。

（2）除沉积物质外，反应副产物必须是挥发性的。

（3）沉积物本身必须具有足够低的蒸气压，使反应过程中的沉积物留在加热基片上。

3.1.2.2 化学气相沉积的主要反应类型

CVD 是建立在化学反应基础上的，要制备特定性能的材料首先要选定一个合理的沉积反应。用于 CVD 技术的化学反应主要有 6 大类，分别是热分解反应、氢还原反应、复合还原反应、氧化反应和水解反应、金属还原反应，以及生成氮化物和碳化物的反应。

1）热分解反应

热分解反应是最简单的沉积反应，利用热分解反应沉积材料一般在简单的单温区炉中进行。其过程通常是：首先，在真空或惰性气体下将衬底加热到一定温度；然后，导入反应气态源物质使之发生热分解；最后，在衬底上沉积出所需的固态材料。热分解反应可应用于制备金属、半导体以及绝缘材料等。

最常见的热分解反应有 4 种，包括氢化物分解、金属有机化合物的热分解、氢化物和金属有机化合物体系的热分解，以及其他气态络合物及复合物的热分解。例如，以下反应均属于热分解反应。

$$SiH_4(气) \longrightarrow Si(固) + 2H_2(气)$$

$$CH_3SiCl_3(气) \longrightarrow SiC(固) + 3HCl(气)$$

$$WF_6(气) \longrightarrow W(固) + 3F_2(气)$$

2）氢还原反应

氢还原反应的优点在于反应温度明显低于热分解反应，其典型应用是半导体技术中的硅气相外延生长，反应式为：

$$SiCl_4(气)+2H_2(气)\longrightarrow Si(固)+4HCl(气)$$

氢还原反应主要是从相应的卤化物中制备出硅、锗、钼、钨等半导体或金属薄膜，另外有些反应还可以作为辅助反应用于其他形式的反应中，抑制氧化物和碳化物的出现。

3）复合还原反应

复合还原反应主要用于二元化合物薄膜的沉积，如氧化物、氮化物、硼化物和硅化物薄膜的沉积。典型的复合还原反应为 TiB_2 薄膜的制备，反应方程式为：

$$TiCl_4(气)+2BCl_3(气)+5H_2(气)\longrightarrow TiB_2(固)+10HCl(气)$$

4）氧化反应和水解反应

氧化反应和水解反应主要用来沉积氧化物薄膜，所用的氧化剂主要有 O_2 和 H_2O。近年来，还有研究用 O_3 作为氧化剂来制备薄膜的。典型的氧化反应和水解反应有：

$$SiH_4(气)+O_2(气)\longrightarrow SiO_2(固)+2H_2(气)$$

$$Al_2(CH_3)_6(气)+12O_2(气)\longrightarrow Al_2O_3(固)+9H_2O(气)+6CO_2(气)$$

$$2AlCl_3(气)+3H_2O(气)\longrightarrow Al_2O_3(固)+6HCl(气)$$

5）金属还原反应

许多金属如锌、镉、镁、钠、钾等有很强的还原性，这些金属可用来还原钛、锆的卤化物。在化学气相沉积中使用金属还原剂，其副产的卤化物必须在沉积温度下容易挥发，这样所沉积的薄膜才有较好的纯度。最常用的金属还原剂是锌，锌的卤化物易于挥发，其典型的化学反应式为：

$$TiI_4(气)+2Zn(固)\longrightarrow Ti(固)+2ZnI_2(气)$$

另一种金属还原剂是镁，在工业中常用的还有钛。用镁还原的反应式为：

$$TiCl_4(气)+2Mg(固)\longrightarrow Ti(固)+2MgCl_2(气)$$

6）生成氮化物和碳化物的反应

碳化物的沉积通常通过卤化物和碳氢化物相互反应获得，其典型的化学反应式为：

$$TiCl_4(气)+CH_4(气)\longrightarrow TiC(固)+4HCl(气)$$

在氮化物的沉积过程中，氮的来源主要是通过氨气的分解来提供的，最典型的应用是氮化硅的沉积，其化学反应式为：

$$3SiH_4(气)+4NH_3(气)\longrightarrow Si_3N_4(固)+12H_2(气)$$

3.1.2.3 化学气相沉积反应的激活能

化学气相沉积反应所需要的激活能通常来源于热能、等离子体和激光等。

1）热能激活方式

热能激活方式的化学气相沉积需要一定的热能，即反应环境需要达到一定的温度，通常所需的温度与反应气体的压力有关，压力越小，所需的温度越高。化学气相沉积根据反应气体的压力可分为常压化学气相沉积（简称 APCVD）和低压化学气相沉积（简称 LPCVD）。

（1）常压化学气相沉积。常压化学气相沉积是集成电路制造工业早期用来沉积氧化层和硅外延层的，现在仍然使用。常压化学气相沉积是指在大气压下进行的一种化学气相沉积的方法，反应温度为 300～500℃。这种工艺所需的系统简单，反应速度快，并且沉积速率可超过 10000Å/min（$1Å=10^{-10}m$），但是它的缺点是均匀性较差，气体消耗量大，且台阶覆盖能力差，所以常压化学气相沉积一般用于厚的介质沉积。

（2）低压化学气相沉积。随着半导体工艺特征尺寸的减小，对薄膜的均匀性要求及膜厚的误差要求不断提高，出现了低压化学气相沉积。低压化学气相沉积就是将反应室内的压强降至 0.2～2Torr（1Torr＝133.3Pa），反应温度介于 500～900℃。相比常压化学气相沉积，低压化学气相沉积获得的薄膜厚度均匀性好，台阶覆盖性好，沉积速率快，生产效率高，沉积的薄膜性能更好，因此应用更为广泛。低压化学气相沉积经常用于多晶硅、氮化硅膜、氧化铝以及某些金属膜的沉积。

2）等离子体激活方式

采用等离子体作为激活方式的化学气相沉积称为等离子体增强化学气相沉积（PECVD）。等离子体增强化学气相沉积是指在低真空的条件下，利用直流电压（DC）、交流电压（AC）、射频（RF）、微波（MW）或电子回旋共振（ECR）等方法实现气体辉光放电，在沉积反应器中产生等离子体。由于等离子体中正离子、电子在电场的作用下能量提高，从而加速运动，这些带电粒子与中性反应气体分子不断碰撞，使反应气体电离或被激活成为活泼的活性基团，很容易成膜，可以大大降低沉积的温度。例如，硅烷和氨气的反应在通常条件下，约在 850℃左右反应并沉积氮化硅，但在等离子体增强反应的条件下，只需在 350℃左右就可以生成氮化硅。

等离子体的优点是工艺温度低；对深宽比高的沟槽填充性好；制备的薄膜与晶圆片之间黏附性好；沉积速率高；膜的致密性高等，所以比较适合沉积热稳定性差的材料。

3）激光激活方式

采用激光作为激活方式的化学气相沉积称为激光增强化学气相沉积。随着高新技术的发展，采用激光增强化学气相沉积也是常用的一种方法。例如：

$$W(CO)_6 \xrightarrow{\text{激光束}} W + 6CO$$

通常情况下，这一反应发生在 300℃左右的衬底表面。采用激光束平行于衬底表面，激光束与衬底表面距离约 1mm，结果处于室温的衬底表面上就会沉积出一层光亮的钨膜。

表 3.1 所示是几种化学气相沉积方法的沉积条件、沉积能力、薄

膜性能及其应用的比较。

表 3.1　化学气相沉积方法制备薄膜的性能对比

性能	沉积方法		
	常压化学气相沉积	低压化学气相沉积	等离子体增强化学气相沉积
沉积温度/℃	300～500	500～900	100～350
压力/托	760	0.2～2	0.1～2
沉积膜	SiO_2，PSG	多晶硅，SiO_2，PSG，Si_3N_4	Si_3N_4，SiO_2
薄膜性能	好	很好	好
台阶覆盖性	差	好	差
低温性	低温	中温	低温
生产效率	高	高	高
主要应用	钝化，绝缘	栅材料，绝缘，钝化	钝化，绝缘

3.1.2.4　几种薄膜的 CVD 制备

1）SiO_2 薄膜

SiO_2 在大规模集成电路制作上的应用十分广泛。从 MOS 器件的第一个掩模开始，便可以看到 SiO_2 的踪迹，只不过在 MOS 或 CMOS 器件制作初期，大多数 SiO_2 都是以热氧化法制得的，如今在制备 SiO_2 时已经开始使用 CVD 法了。将含硅的化合物进行热分解，在晶圆表面沉积一层二氧化硅膜。这种工艺中，硅不参加反应，只起到衬底的作用，而且氧化温度很低，又称“低温沉积”工艺。含硅的化合物有两种，分别是烷氧基硅烷和硅烷。

（1）烷氧基硅烷分解法。烷氧基硅烷是一种含有硅与氧的有机硅化物，通常使用四乙氧基硅烷，本身在室温下为液体，使用时要加热到 40～70℃ 以提高其饱和蒸气压，分解成为 SiO_2 层，化学反应式为：

$$Si(OC_2H_5)_4 \xrightarrow{\triangle} SiO_2\downarrow + 4C_2H_4\uparrow + 2H_2O\uparrow$$

烷氧基硅烷分解法具有温度低、均匀性好、台阶覆盖优良、薄膜质量好等优点。

（2）硅烷分解法。硅烷分解法是将硅烷在氧气气氛中加热，反应生成二氧化硅，沉积在晶圆上，这种方法生成的氧化膜质量较好，生长温度也较低，反应式为：

$$SiH_4 + O_2 \xrightarrow{\triangle} SiO_2\downarrow + 2H_2\uparrow$$

沉积时，反应室内气流要均匀，流量控制也要适当；反应温度要严加控制；同时也要注意安全，硅烷是易燃易爆气体，使用前应稀释至3%～5%的体积浓度。

2）Si_3N_4 薄膜

Si_3N_4 是一种在半导体器件及集成电路制作工艺中常见的薄膜，主要用作 SiO_2 的刻蚀掩模。由于 Si_3N_4 不易被氧所渗透，这层掩模还可以在进行场氧化层制作时，作为防止晶片表面的活动区域被氧化的保护层。除了这种应用外，因为 Si_3N_4 对于碱金属离子的防堵能力也很好，且不易被水气分子所渗透，实践中被广泛地用作半导体器件集成电路的保护层。制作 Si_3N_4 采用 LPCVD 和 PECVD 均可，反应式为：

$$3SiH_4 + 4NH_3 \longrightarrow Si_3N_4 + 12H_2\uparrow$$

3）多晶硅薄膜

利用多晶硅替代金属铝作为 MOS 器件的栅极，是 MOS 集成电路技术的重大突破之一，它比利用金属铝作为栅极的 MOS 器件，性能上得到了很大提高，而且采用多晶硅栅技术，可以实现源漏区自对准离子注入，使 MOS 集成电路的集成度得到很大提高。多晶硅是在低压反应炉中 600～650℃用硅烷热分解而得到的，其化学反应式为：

$$SiH_4 \xrightarrow{\triangle} Si + 2H_2\uparrow$$

3.1.3 物理气相沉积法制备薄膜

物理气相沉积（PVD）是以物理方式进行薄膜沉积的一种技术，金属薄膜一般都是用这种方法沉积的。PVD 主要有 3 种技术，分别是真空蒸发、溅射以及分子束外延生长。

1）真空蒸发

目前真空蒸发技术一般被用在分立元件或较低集成度电路的金属沉积上。真空蒸发就是在真空室中，把所要蒸发的金属加热到相当高的温度，使其原子或分子获得足够的能量，脱离金属材料表面的束缚而蒸发到真空中，沉积在基片表面形成一层薄的金属膜。

真空蒸发的工艺在真空反应室内部进行，如图 3.3 所示。真空反应室是一个钟形的石英容器或不锈钢密封容器，在反应室内部有一套金属蒸发装置、晶片夹持装置，以及监控器和加热装置，反应室与真空泵相连。

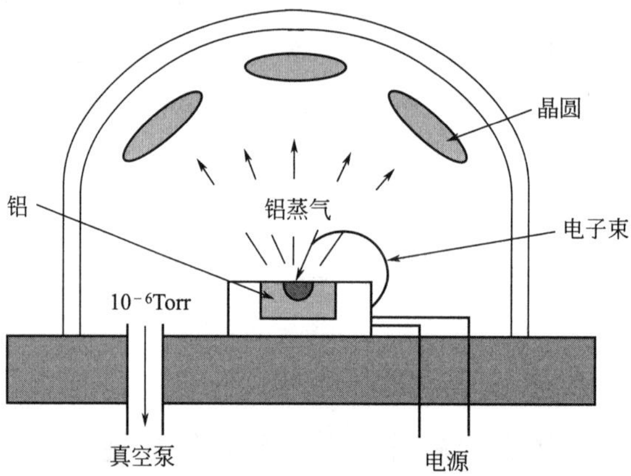

图 3.3 真空蒸发装置示意图

在蒸发中必须采用真空环境，原因是当高能的铝原子（因为铝在所有蒸发材料中是最常见也是最重要的，所以以铝为例）在晶圆片上凝结时，如果有任何氧分子存在的话，将会形成三氧化二铝，掺杂在薄膜中，会使铝作为导体的导电性能大打折扣。由于蒸发的沉积速率低，台阶覆盖能力、沟槽填充能力都较差，因此逐渐被溅射技术所代替。

2）溅射

溅射是利用等离子体轰击被溅射物质，使其原子或分子逸出，沉积到基片表面形成薄膜的一种物理气相沉积方法。溅射的优点是：可实现大面积基片膜层的均匀沉积；膜的厚度、台阶覆盖能力等特性的可控性好；可不改变合金成分进行薄膜沉积；可通过溅射清除掉基片表面玷污的自然氧化层。

溅射的原理如图 3.4 所示，在真空反应室中，由镀膜所需的金属构成的固态厚板被称为靶材，它是电接地的，向高真空反应室内通入放电所需的惰性气体；在高空电场作用下使气体放电，产生大量离子；离子在电场的作用下能量加速升高，高速轰击靶材料；离子的动能高于材料的原子或分子结合能，使靶材料的原子或分子逸出；逸出的原子或分子飞向基片，在基片表面沉积成膜。

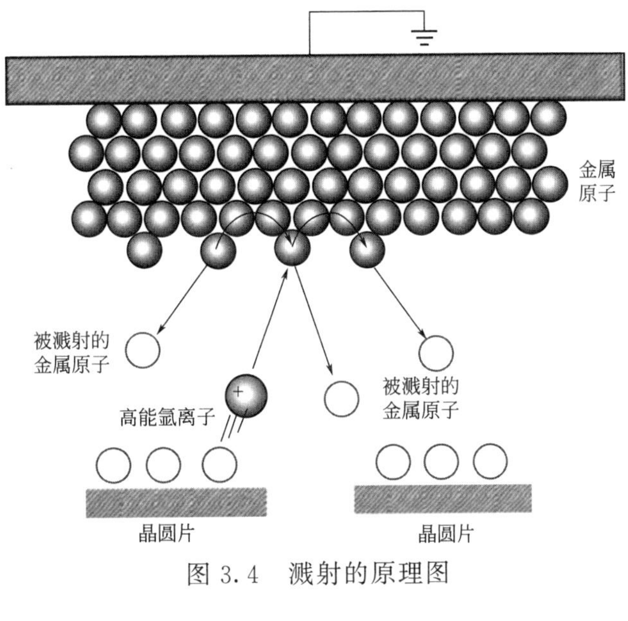

图 3.4　溅射的原理图

3）分子束外延生长

在高超真空系统中，加热薄膜组分元素，使之形成定向分子束流，将分子束流射向具有适当温度的衬底，沉积于衬底表面形成薄膜，这种沉积方法称为分子束外延生长。其突出的优点在于能生长出极薄的单晶膜层，能精确控制膜厚、组分和掺杂。

3.1.4 金属化及平坦化

集成电路的各个组件制作完成后，需要按照设计要求将这些组件进行相应的连接，以形成一个完整的电路系统，并提供与外电路相连接的接点，这种通过金属薄膜连线实现将相互隔离的器件连接的工艺称为布线，一旦布线形成，就构成了一个具有完整功能的集成电路。

金属化指的是通过真空蒸发或溅射等方法形成金属膜，然后通过光刻、刻蚀把金属膜的连接线刻划形成金属膜线，它是构成器件功能的关键。平坦化就是将晶圆表面起伏不平的介电层加以平坦的工艺，经过平坦化处理后的介电层无悬殊的高低落差，这样，很容易进行接下来的第二层金属内连线制作。

3.1.4.1 金属化

若只是简单地将金属和半导体连接在一起，接触区就会出现整流效应，这种附加的单向导电性，使得晶体管或集成电路不能正常工作。要使接触区不存在整流效应，就要形成欧姆接触。

1）欧姆接触

良好的欧姆接触应满足以下条件：电压与电流之间具有线性的对称关系；接触电阻尽可能低，不产生明显的附加阻抗；有一定的机械强度，能承受冲击、震动等外力的作用。

形成欧姆接触的方法有 3 种，分别是半导体高掺杂的欧姆接触、低势垒高度的欧姆接触和高复合中心欧姆接触。

（1）半导体高掺杂的欧姆接触。在器件制造中常使用半导体高掺杂接触方法。由于隧道穿过概率与势垒高度密切相关，而势垒高度又取决于半导体表面层的掺杂浓度，势垒越窄，遂穿效应越明显，而势垒的宽度取决于半导体的掺杂浓度，掺杂浓度越高，势垒越窄，因此，只要控制好半导体的掺杂浓度，就可以得到良好的欧姆接触。当掺杂浓度较高，通常大于 10^{19} 个/cm^3 时，半导体表面的势垒高度很小，载流子可以以隧道方式穿过势垒，从而形成欧姆接触。该方式的接触电阻随掺杂浓度的变化而变化。

(2) 低势垒高度的欧姆接触。低势垒高度的欧姆接触是一种肖特基接触，比如铂与 P 型硅的接触。当金属功函数大于 P 型硅功函数而小于 N 型硅功函数时，金属-半导体接触即可形成理想的欧姆接触。但是，由于金属-半导体界面的表面态的影响，使得半导体表面感应空间电荷区层形成接触势垒，因此，在半导体表面掺杂浓度较低时，很难形成较理想的欧姆接触。

(3) 高复合中心欧姆接触。当半导体表面具有较高的复合中心密度时，金属-半导体间的电流传输主要受复合中心控制。高复合中心密度会使接触电阻明显减小，伏安特性近似对称，在此情况下，半导体也可以与金属形成欧姆接触。

随着微电子器件特征尺寸越来越小，硅片面积越来越大，集成度水平越来越高，对互连和接触技术的要求也越来越高。除了要求形成良好的欧姆接触外，还要求布线材料满足以下要求：

① 电阻率低，稳定性好；

② 可被精细刻蚀，具有抗环境侵蚀的能力；

③ 易于沉积成膜，黏附性好，台阶覆盖好；

④ 具有很强的抗电迁移能力，可焊性良好。

2) 合金工艺

合金法又称烧结法，这种方法不仅可以形成欧姆接触，而且可以制备 PN 结。合金加工时，将金属放在晶圆上，装进模具，压紧后，在真空中加热到熔点以上，合金熔解，降温后与晶圆凝固而结合在一起，形成欧姆接触，合金加工完成。整个过程分为升温、恒温和降温三个阶段。

以铝与 P 型硅接触为例介绍合金法工艺。硅铝的最低共熔点是 577℃，当合金温度低于此温度时，铝和硅不熔化，都保持固态状态，如图 3.5(a) 所示。当温度升高到 577℃时，交界面处的硅铝原子相互熔化，并形成铝原子 88.7%、硅原子 11.3% 的铝—硅熔液，如图 3.5(b) 所示。随着时间和温度的增加，交界面处的熔液迅速增多，如果温度继续升高，铝硅熔化速度也增加，最后整个铝层变成铝硅熔体，如图 3.5(c) 所示。保持一段时间，使合金熔液中的硅原子达到饱和，再缓缓降温，硅原子在熔液中溶解度将下降，多余的硅原子会逐渐从熔液中析出，形成硅原子结晶层，同时，铝原子也被带入结晶层中，如图 3.5(d) 所示。

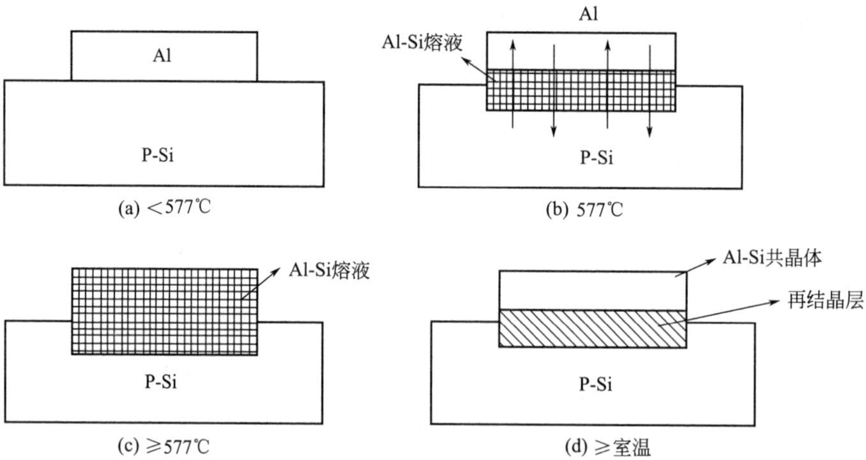

图 3.5　铝硅合金加工过程

合金加工的方法很多，可在扩散炉或烧结炉中通入惰性气体或抽真空，也可以在真空中进行。目前，一般都是反刻铝以后，把上胶和合金加工在一起完成，这样既去除了光刻胶，又达到了合金加工的目的，操作简单方便。

3.1.4.2　平坦化

随着集成电路集成度的增加，晶圆表面无法提供足够的面积来制作所需的内连线，特别是一些十分复杂的产品，如微处理器等，需要更多层的金属连线才能完成微处理器内各个元件间的相互连接，因此两层以至于多层内连线就出现了。多层内连线在连接过程中，除柱塞处外，必须避免一层金属线与另一层金属线直接接触而发生短路现象，金属层之间必须用绝缘体加以隔离。

用来隔离金属层的介电材质，称为金属间介电层。金属间介电层的制作涉及溅射、CVD、光刻、刻蚀等诸多工艺技术。要获得平坦的介电层是很困难的，而且容易发生孔洞现象，介电层沉积随着金属层表面也会变得高低不平。因为沉积层不平坦，又将使得接下来的第二层金属层的光刻工艺在曝光聚焦上有困难，而影响光刻影像传递的精确度，给刻蚀也带来难度。集成电路的多层布线势在必行，于是平坦化就成了新出现的工艺技术。

常用的介电层材料有硼磷硅玻璃（BPSG）、SiO_2 和 Si_3N_4，其中 SiO_2 使用得最普遍。如图 3.6 所示为集成电路多层金属布线结构剖面图。

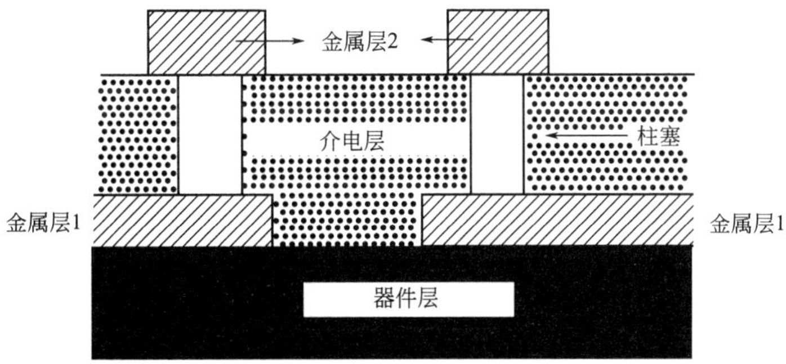

图 3.6　集成电路多层金属布线结构剖面图

平坦化技术包括反刻法、玻璃回流法、旋涂膜层法及化学机械平坦化法。

1）反刻法

反刻法如图 3.7 所示，先沉积一层牺牲层来填充晶圆表面的孔洞和凹槽，然后再用干法刻蚀技术刻蚀掉牺牲层，通过比低处图形快的刻蚀速率刻蚀掉高处图形达到平坦化的效果。刻蚀直到待刻材料达到最后的厚度，而且牺牲层材料仍然填充着晶圆表面的凹槽。

反刻有多种工艺方法，具体选择哪种工艺方法由图形、金属层次等决定，但反刻只能实现局部表面的平坦化，不能实现整个表面的平坦化。

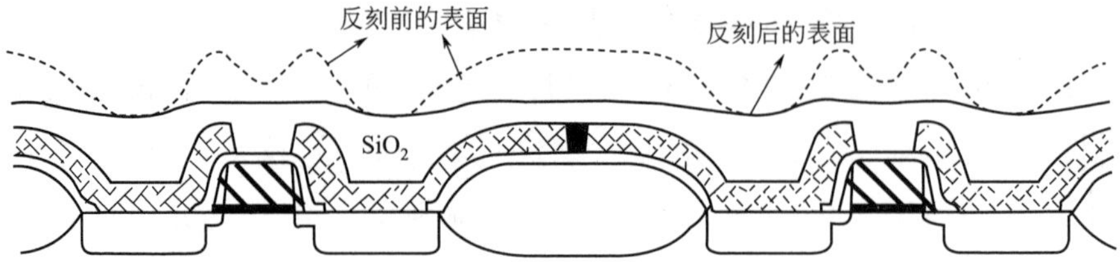

图 3.7　反刻法

2）玻璃回流法

玻璃回流法是在高温下对掺杂氧化硅加热，使其流动，从而达到局部平坦化的效果。例如，使用硼磷硅玻璃（BPSG）在温度为850℃的氮气环境下退火，如图 3.8 所示，硼磷硅玻璃流动可以获得平坦化，也可填充孔洞。

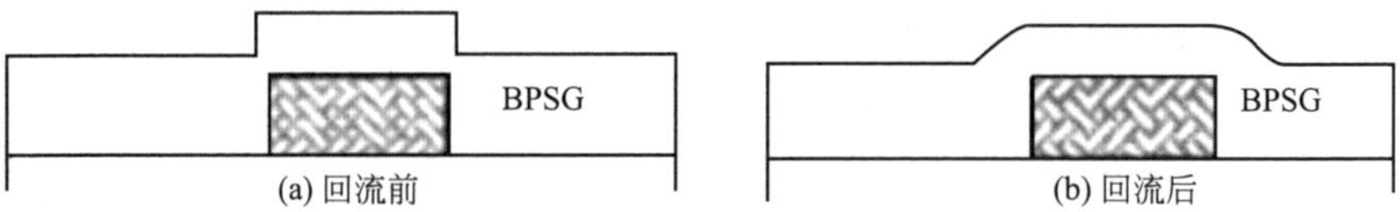

图 3.8　玻璃回流法

3）旋涂膜层法

旋涂膜层法是在晶圆表面旋涂不同液体材料以获得平坦化的一种技术，主要用于 0.35μm 及以上尺寸的器件平坦化与缝隙填充。这种方法的平坦化效果与溶液的成分、分子质量等因素都有关。旋涂的材料可以是光刻胶、掺杂二氧化硅或各种树脂。旋涂后通过烘烤蒸发掉溶剂，留下氧化硅填充低处的间隙，为了进一步填充表面的缝隙，可采用 CVD 法再沉积一层氧化硅。

以上 3 种方法只能使局部平坦化，如果要使整个平面的介电层平坦化，通常需要采用化学机械平坦化法。

4）化学机械平坦化法

化学机械平坦化法（CMP）如图 3.9 所示，利用晶圆和抛光头之间的摩擦运动来实现平坦化，通过比去除低处图形快的速度去除高处图形来获得平坦的表面。抛光头与晶圆之间有磨料，利用加压使得磨料与晶圆表面相互作用达到平坦化的效果。CMP 的抛光精度比较高，是目前使用最广泛的平坦化技术。

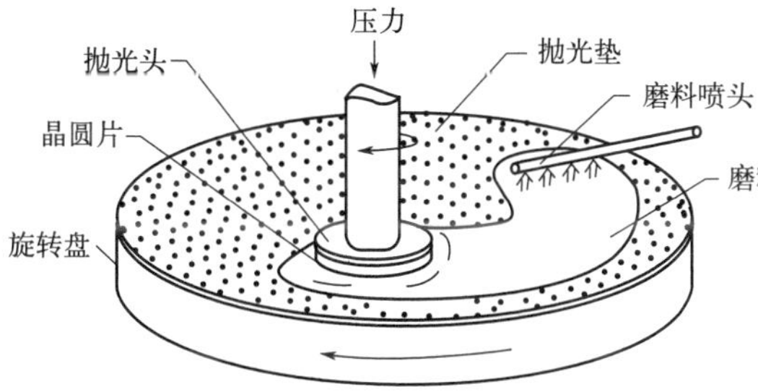

图 3.9　化学机械平坦化法

磨料和抛光垫是抛光过程的消耗品，它们对化学机械抛光的质量影响非常大，必须严加控制。磨料由研磨颗粒和化学药品混合而成，常用的磨料有氧化物磨料、金属钨磨料以及金属铜磨料等。氧化物磨料是用于氧化物介质抛光的磨料，它是一种含有超精细硅胶颗粒的氢氧化钾或氢氧化铵溶液；金属钨磨料的研磨颗粒是氧化铝粉末或硅胶；金属铜磨料中需加入氢氧化铵和氧化铝的合成物，再用研磨颗粒磨去。

在化学机械平坦化法中决定抛光速率和平坦程度的重要部件是抛光垫。抛光垫通常用聚亚氨脂做成，聚亚氨脂有类似海绵的机械弹性和吸水特性。抛光垫中的小孔对磨料的传输和抛光的均匀性都有帮助。在完成一些晶圆的抛光后，抛光垫的表面会变得平坦光滑，这时的抛光垫对颗粒的控制能力降低，而且抛光速率也会下降，因此，使用过程中，抛光垫需要定期更换。

3.2 光刻

3.2.1 光刻概述

光刻是指通过匀胶、曝光、显影等一系列工艺步骤，将晶圆表面薄膜的特定部分除去而留下带有微图形结构的薄膜，完成将设计好的电路图形从光刻板上转移到晶圆片表面光刻胶上的工艺。一般的光刻工艺要经历涂胶、前烘、曝光、显影、坚膜等工序，如图 3.10 所示。

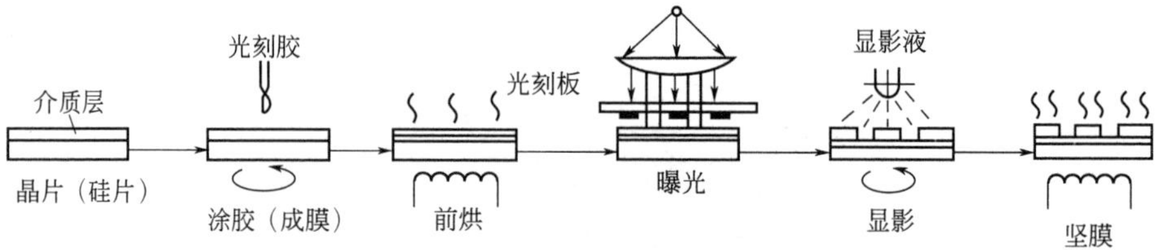

图 3.10　光刻工艺的基本流程

1）光刻胶

光刻胶又称光致抗蚀剂，是一种光照后能改变抗蚀能力的高分子化合物。一般情况下，光刻胶是带有芳香味的具有一定黏度及颜色的液体。光刻胶以液态涂覆在硅片表面上，曝光后烘烤成固态。光刻胶的作用是将光刻板上的图形转移到硅片表面的氧化层中，在后续工序中，保护下面的材料。

光刻胶主要由 4 种成分组成。

（1）感光剂。感光剂是光刻胶的核心部分，感光剂经光照后，在曝光区能很快地发生光固化反应，使得这种材料的物理性能，特别是溶解性、亲和性等发生明显变化。曝光时间、光源所发射光线的强度都根据感光剂的特性来决定。

（2）增感剂。感光剂的感光速度都较慢，生产上效率太低，因此向光刻胶中添加了提高感光速度的增感剂。

（3）溶剂。感光剂和增感剂都是固态物质，为了方便涂覆，要将它们加入溶剂进行溶解，形成液态物质。

（4）添加剂。添加剂用以改变光刻胶的某些特性，如为改善光刻胶发生反射而添加染色剂等。

根据光刻胶曝光后发生的变化情况和在显影液中的溶解度不同，可以分为负光刻胶和正光刻胶两类，如图 3.11 所示。光照后形成不可溶物质的是负光刻胶；反之，曝光前对某些溶剂是不可溶的，经光

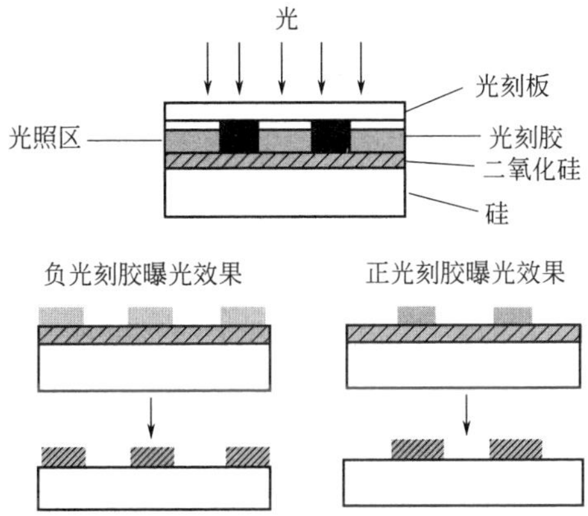

图 3.11　负光刻胶和正光刻胶曝光示意图

照后变成可溶物质的是正光刻胶。简单说来，就是“正见光走，负见光留”。利用这种性能，用光刻胶作涂层，就能在晶圆片表面刻蚀出所需的电路图形。

负光刻胶（负胶）受光照部分发生反应而成为不溶物，非曝光部分被显影液溶解，获得的图形与光刻板图形互补。负光刻胶的附着力强、灵敏度高、显影条件要求不严，适用于低集成度器件的生产。

正光刻胶（正胶）受光照部分发生反应而能被显影液所溶解，留下的非曝光部分的图形与光刻板一致。正光刻胶具有分辨率高、对比度高、对驻波效应不敏感、曝光容限大、针孔密度低和无毒性等优点，适合于高集成度器件的生产。

2）光刻板

光刻板又叫光刻掩模板或光罩，是光刻过程中原始图形的载体，通过曝光和显影过程，这些图形信息将传递到晶圆片上。光刻板包含了要在晶圆片上复制生成的图形，光刻板可以确定一工艺层所需的完整的管芯分布或者阵列。在接近式或接触式光刻机中使用的光刻板上，设计的图形与计划加工的图形相同，而在步进式投影曝光机中使用的光刻板图形通常是加工图形的放大。

光刻板基板采用的是玻璃，用于制作光刻板的玻璃必须内部和两个表面都无缺陷；制作光刻板的玻璃必须在光刻胶的曝光波长下有高的光学透射率。目前被用来制作掩模板的玻璃有多种，包括钠钙玻璃、硼硅玻璃和石英玻璃。绿色的钠钙玻璃和低钠白钠钙玻璃容易被拉制成大面积的薄张，而且表现出很好的质量，但它们的热膨胀系数高，使得它们不适合在投影中应用。在应用中要求使用低热膨胀系数的材料，因此选择硼硅玻璃和石英玻璃，它们的热膨胀系数较低。

3.2.2 光刻工艺

3.2.2.1 光刻前的晶圆处理

光刻前的晶圆处理是光刻工艺的第一步，主要目的是处理晶圆表面，以增强晶圆与光刻胶之间的黏附性。晶圆制造过程中许多问题都是由于表面污染和缺陷造成的，晶圆片表面的预处理对得到高成品率的光刻过程是非常重要的。

1）表面清洗

在集成电路制造过程中所有工艺步骤都需要对制件仔细清洗，因为其在各工序步骤间的保存和传递过程中都不可避免地会产生玷污物。光刻前晶圆处理的第一步是对晶圆片表面的清洗，通常在晶圆片进入光刻室之前进行。光刻过程中晶圆片表面的玷污物会造成光刻胶与晶圆片的黏附性变差，这种情况会在显影和刻蚀中引起光刻胶漂移问题，光刻胶漂移导致底层薄膜的钻蚀。光刻胶中的颗粒玷污会导致不平坦的光刻胶涂布或形成针孔。洁净、干燥的表面才能与光刻胶良好接触。微粒清除常用的方法是高压氮气吹除、化学湿法清洗、旋转刷洗和高压水流冲洗。

2）脱水烘焙

晶圆表面的水汽会影响光刻胶的黏附性，而光刻胶的黏附需要有严格干燥的表面，所以在底膜和光刻胶旋转涂胶前要进行脱水烘焙。烘焙温度通常在200～250℃，太高的温度可能对晶圆片表面已经加工的器件造成影响。典型的烘焙是在传统的充满惰性气体（通常为氮气）的烘箱或真空烤箱中完成，但在发光二极管的制造工艺中，通常不进行单独的脱水烘焙。

3）成底膜

脱水烘焙后的晶圆片要马上用六甲基二硅胺烷（HMDS）成底膜处理，这可以起到提高晶圆和光刻胶黏附性的作用。HMDS影响晶圆片表面并使之脱离水分子，同时形成对光刻胶材料的结合力，它本质上是作为晶圆片和光刻胶的连接剂。成底膜处理的一个重要方面在于晶圆片应该在进行了成底膜操作后尽快涂胶，建议涂胶在成底膜后60min内进行。

HMDS成底膜可以用以下方法来完成。

（1）浸润分滴和旋转。浸润分滴和旋转的方法常用于单个硅片的处理。温度和用量容易控制，但需要排液和排气装置。缺点是HMDS消耗量较大。

（2）喷雾分滴和旋转。喷雾的方法是用一喷雾器在晶圆片表面喷一层细微的HMDS，这种方法的优点是有助于晶圆片表面颗粒的去除，但同样存在消耗量较大的问题。

（3）气相成底膜是最常用的方法，通常在50～200℃下完成。气相成底膜的优点是由于没有与硅片的接触，减少了来自液体HMDS颗粒玷污的可能，并且HMDS的消耗量也最少。气相成底膜的温度与烘焙温度接近，因此在实际操作中也常将两者结合起来使用。

3.2.2.2 涂光刻胶

涂光刻胶也叫匀胶，就是在晶圆表面建立薄的、均匀的并且没有缺陷的光刻胶膜。对于半导体光刻技术，在晶圆片上涂光刻胶最广泛采用的方式是旋转涂胶法和自动喷涂法两种。自动喷涂法是将硅片放入涂胶机上盛片的容器里，借助计算机设定程序，让硅片自动地进入涂胶盘内进行喷涂，然后用传送带将涂好的硅片送入前烘机。旋转涂胶法使用十分普遍，旋转涂胶工艺和设备都十分简单，主要包括4个基本步骤，如图 3.12 所示。

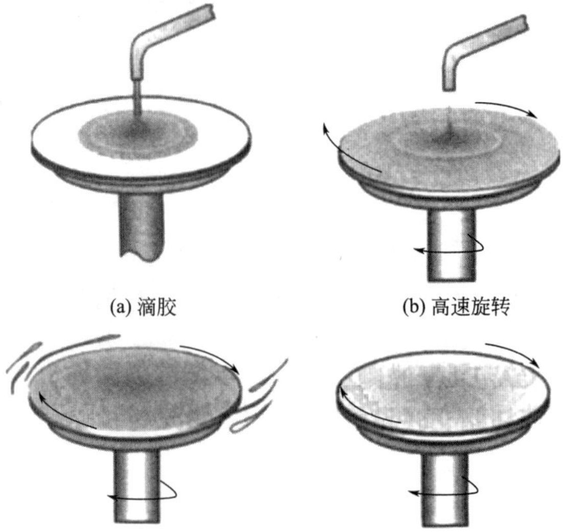

(a) 滴胶　(b) 高速旋转　(c) 甩掉多余的胶　(d) 溶剂挥发

图 3.12　旋转涂胶

(1) 滴胶。将晶圆片在涂胶机上用吸气法固定，在晶圆片静止或旋转非常慢时，将光刻胶滴在晶圆片表面的中心位置上。

(2) 高速旋转。使晶圆片快速旋转到一个较高的速度，光刻胶伸展到整个晶圆片表面。

(3) 甩掉多余的胶。甩去多余的光刻胶，在晶圆片上得到均匀的光刻胶覆盖层。

(4) 溶剂挥发。以固定转速继续旋转已涂胶的硅片，直至溶剂挥发，光刻胶的胶膜几乎干燥。

3.2.2.3　前烘

前烘也称软烘，在晶圆片上涂布光刻胶后，晶圆片要经过前烘的步骤。主要作用有以下 3 个：

① 将晶圆片上的溶剂进一步去除，干燥光刻胶；

② 增强光刻胶与晶圆片之间的黏附性；

③ 缓和在旋转过程中光刻胶膜内产生的应力。

1）前烘的温度和时间

前烘的温度和时间视光刻胶和工艺条件而定。光刻胶的生产厂家通常都会推荐工艺和条件。一般情况下，前烘的温度在85～120℃，时间在30～90s。对于较厚的胶膜，前烘的升温速度要慢，否则表面干燥得过快，内部溶剂来不及挥发，易造成胶膜发泡而产生针孔，造成接触不良，使显影或腐蚀时产生浮胶。前烘温度越高，时间越长，光刻胶与基片的黏附越好，但前烘时间过长，会造成增感剂的过度挥发。温度过高，会使光刻胶翘曲硬化，造成显影不净，图形的分辨率下降，抗蚀能力下降。

在旋转涂胶前，光刻胶通常包含65%～85%的溶剂，旋转涂胶后溶剂减少到10%～20%，前烘后溶剂的含量进一步减少，大约在4%～7%，相应地，光刻胶的厚度也略微降低。前烘后，光刻胶仍然保持“软”的状态，所以又称软烘。软烘工艺的优化和调整是为了得到更好的关键尺寸控制，改善光刻胶侧壁角度，提高分辨率，改善对比度，以及获得更大的工艺窗口。

2）前烘的方法

前烘的方法有热板式和烘箱式两种。

（1）热板式。热板式前烘用传动的热板对涂好胶的晶圆片进行加热处理，光刻胶由晶圆片和光刻胶的接触面向外加热，相对受热均匀，循环时间短（约1min），它被广泛集成于自动轨道系统中，在轨道系统中紧随加热步骤之后，通常会用冷板进行冷却。

（2）烘箱式。烘箱式前烘是将涂好胶的晶圆片放入设有一定温度的烘箱内，通过干燥循环热风或红外烘烤使光刻胶中的溶剂挥发。其优点是产能大，一次可以处理数十片或上百片；缺点是均匀性相对差，因此在对线宽要求较高的工艺中一般不使用。

3.2.2.4 对准

光学光刻技术与生活中使用的摄影技术类似。照相机通过透镜将物体的像呈现在底片上，再通过显影把底片上的像转印到相纸上，而在光刻中利用光刻机将光刻板上的图形投影到涂布了光刻胶的晶圆片上，然后再经过显影，光刻板上的图形就呈现在晶圆片的光刻胶上了。摄影时的取景、调焦等过程与光刻中的对准过程相似。为了保证曝光质量，必须进行图形的准确对准，对准是光刻板与晶圆片上的图形之间的对准，两者均刻有对准标记，使标记对准即可达到光刻板与晶圆片上的图形的对准。

在晶圆片的光刻中，也有许多变量影响光刻的质量，例如晶圆片的表面状态、光刻胶的类型、光学系统的分辨率以及曝光光线的类型等。为了成功地在晶圆片上形成图案，必须把晶圆片上的图形与光刻板上的图形进行精确对准，只有每个步骤的图形都按照设计要求正确地进行了对准，再经过刻蚀、蒸镀等其他工艺，最终的产品才能实现预想的功能。

1）对准的要求

对准过程中，衡量对准系统把板图套准到晶圆片上的能力的参数称为套准精度，它是指图形与先前层匹配的精度，套准精度是影响最终器件性能的关键因素之一。套准容差描述要形成的光刻图形与先前层的最大相对位移。一般而言，套准容差大约是关键尺寸的三分之一，对于 0.3μm 的关键尺寸，套准容差为 0.1μm。

自动对准系统都能够测定晶圆片与光刻板的位置和方向，然后在曝光前把晶圆片和光刻板对准。设备对准系统包括光刻板对位标记、晶圆片对位标记、对准检测系统和机电定位系统。对准检测的目的是确定光刻板与晶圆片对位标记的相对坐标，然后通过对准软件计算偏差量和承片台需要移动的方向，指导机电系统完成晶圆片位置的调整，完成对准，如图 3.13(a) 所示为尚未完全对准的图片，如图 3.13(b) 所示为对准后的图片。

2）对位标记

对位标记又称为对准标记，是被设计在光刻板和晶圆片上用来确定它们位置和方向的特殊图形。对位标记可能是一根或者多根线，也

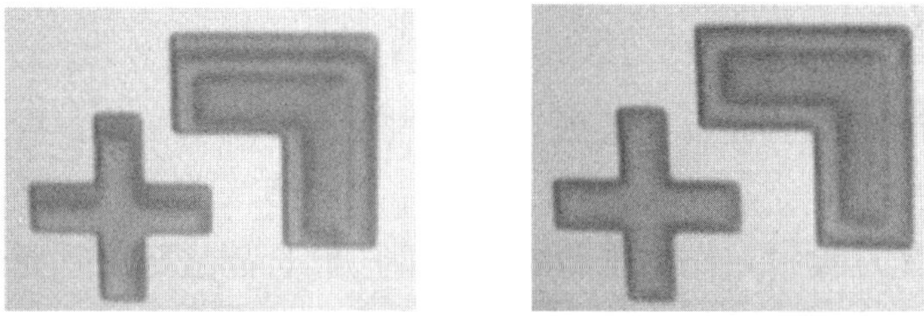

(a) 尚未完全对准图片　　(b) 对准后图片

图 3.13　光刻板与晶圆片对位标记的对准

可能是“十”或者“L”等图形，如图 3.14 所示为几种常见的对位标记。标记的形状和位置的变化依赖于设备制造商，半导体集成电路制造厂家也可根据实际情况进行调整。一旦对位标记对准后，就认为其他图形也对准了。对于第一次对准的晶圆片，晶圆片的定位边（平边）或者设备上的定位槽就是硅片上唯一的对准特征。相对于后续的套刻，第一次的对准并没有进行对位标记之间的对准。

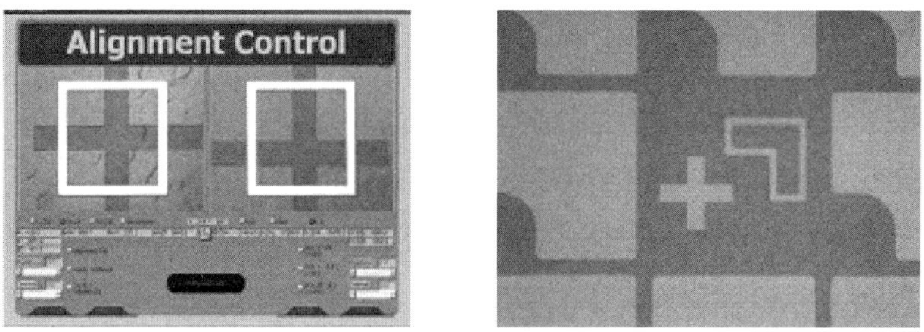

图 3.14　对位标记

3.2.2.5　曝光

曝光在对准完成后进行，打开光源，将光刻板的图形投影到涂布了光刻胶的晶圆片上，使之感光发生化学和物理变化。在曝光过程中，从光源发出的光通过对准的光刻板，板上有透明和不透明的区域，这些区域形成了要转移到晶圆表面的图形。通过曝光可以将光刻板上的图形精确地复制到晶圆片的光刻胶上。影响光刻曝光过程的主要参数有曝光光源、抗反射层、分辨率、焦深以及曝光强度。

1）曝光光源

在光刻曝光过程中，被曝光部分的光刻胶发生变化，再通过后续的显影过程将部分光刻胶去除，最终完成图形从光刻板到晶圆片的转移。在曝光过程中，光刻胶和曝光光源的波长都是至关重要的，较短的波长可以获得更高的分辨率。目前最常用于光学光刻的两种光源是汞灯和准分子激光。

汞灯通过电流流经氙汞气体的管子产生电弧放电。汞灯的光谱分布通常为 200～500nm。其中有几个典型的强峰，如 436nm-G 线、405nm-H 线、365nm-I 线以及 248nm-深紫外，高压汞灯的发射光谱分布如图 3.15 所示。

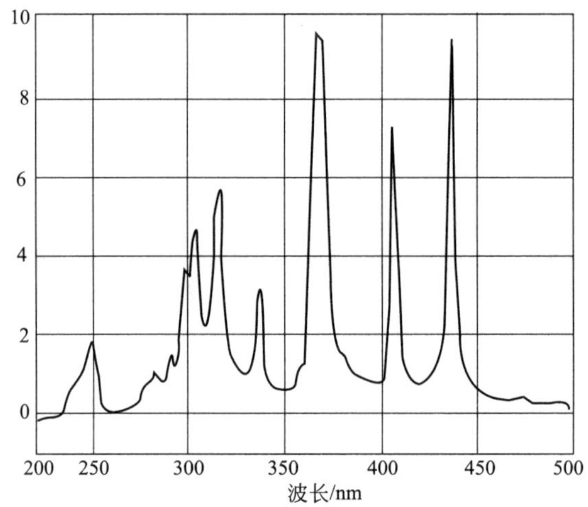

图 3.15 高压汞灯的发射光谱

准分子激光被用于光学光刻是在 20 世纪 80 年代以后，但直到 20 世纪 90 年代中期才得以广泛推广和使用。它的优点是能量分布集中在深紫外，在 248nm 处可以获得比汞灯更高的辐射强度。准分子是不稳定分子，它由惰性气体原子和卤族元素构成，例如氟化氩（ArF）、氟化氪（KrF）。通常用于深紫外光刻胶曝光的准分子激光器是波长为 248nm 的氟化氪（KrF）激光器，它的典型功率范围为 10～20W，频率为 1kHz。

2）抗反射层

在光刻工艺中，光刻胶上图形的质量会受到光学系统的限制，实际上所有用于集成电路制造的光学设备都是以光学光刻为基础的。在光刻过程中，曝光光线经过光刻板到达光刻胶表面形成图形，但如果衬底或者底层膜是反光的，那么光线将从这个表面被反射回来，并有可能损害邻近的光刻胶。两种最主要的反射问题是反射切口和驻波，这些光线的反射降低了光刻胶成像的分辨率，是不希望的结果。

抗反射的涂层（ARC）被直接用于反射材料的表面来减小光刻胶的驻波效应。抗反射层通过抑制和减少不想要的反射，减小驻波效应。使用最新的抗反射膜可以减少 99%的衬底反射。它们一般会以薄层的形式被积淀在晶圆片上，通常为 200～2000Å，这取决于抗反射层的材料。选择抗反射层的一个因素是，在光刻完成后抗反射层是否能被除去。一些有机抗反射层是水溶的，通过显影和冲水就能很容易地去除。相对来说，无机抗反射层比较难被去除，特别是当抗反射层材料与基底材料相似时，因此有时抗反射层会被留在晶圆片表面成为器件的一部分。

3）分辨率

在光刻中，分辨率被定义为清晰分辨晶圆片上间隔很近的特征图形的能力，常见的分辨率测试图片如图 3.16 所示。分辨率对任何光学系统都是一个重要的参数，也是衡量光刻工艺能力的关键参数。

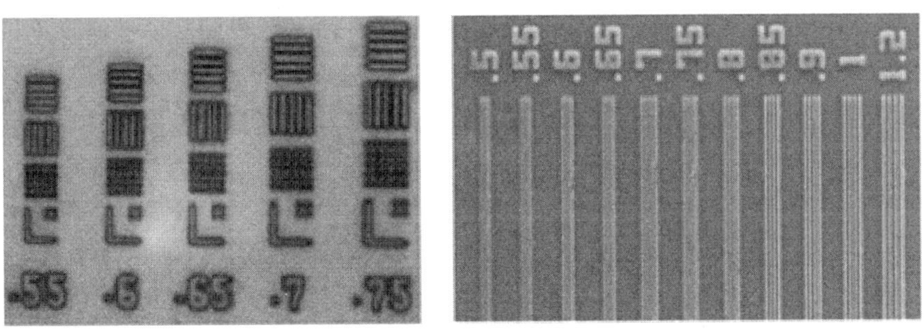

图 3.16　常见的分辨率测试图片

分辨率 R 的计算公式为：

$$R=k\lambda/NA$$

式中，k 表示工艺因子，一般在 0.6～0.8 之间；λ 为曝光光源波长；NA 为数值孔径。

可以看出，波长直接影响曝光系统的分辨率，波长越短，分辨率越高，另一个影响分辨率的主要因素是数值孔径，因此，增大透镜的半径或者提高介质的折射率都可以提高系统的分辨率。实际光刻工艺中提高介质折射率是不现实的，因此主要以采用短波长及增大物镜半径作为提高分辨率的手段。

4）焦深

焦深为焦点深度的简称，即在使用显微镜时，当焦点附近一定范围内图像连续清晰，这个范围称为焦深（DOF），也称景深。焦深可以用公式表示为：

$$\mathrm{DOF}=\lambda/[2(NA)^2]$$

即焦深与曝光的波长成正比，与数值孔径的平方成反比。联系分辨率 R 的表达式可以发现，对于一个曝光系统，分辨率越大，焦深就越小。在通过提高数值孔径提高系统分辨率的同时，所需付出的代价是焦深减小，光学系统的工艺宽容度缩减。

5）曝光强度

曝光强度被定义为单位面积的光功率，单位为毫瓦/平方厘米（mW/cm^2）。光强可以由相应波长的光照度计测量得到。把曝光强度乘以曝光时间就是单位面积获得的能量，称为曝光剂量，单位为毫焦/平方厘米（mJ/cm^2）。指定的光刻胶都有对应的曝光剂量，一般来说，典型的光刻胶需要的曝光剂量为 $100mJ/cm^2$。

3.2.2.6 显影

用化学显影液溶解光刻胶，经过曝光后可溶解区域的过程称为显影，其主要目的是将光刻板上的图形用光刻胶精确地复制到晶圆片上，即溶解掉不需要的光刻胶，从而在光刻胶膜上获得所需要的图形。

1）显影液

正胶显影包含显影液与光刻胶之间的反应，从而溶解被曝光的光刻胶。显影液溶解光刻胶的速度称为显影速度，高的显影速度有助于生产效率的提高，但太高的显影速度又可能影响光刻胶的特性。

正胶显影液是一种用水稀释的强碱溶液，早期的显影液为氢氧化钠或氢氧化钾的水溶液，但这两种溶液中都包含有金属，会造成可动离子玷污，这对于污染很敏感的集成电路是不能接受的。目前最普通的正胶显影液是四甲基氢氧化铵（TMAH），这种显影液的金属离子浓度很低，从而避免了金属离子的污染。质量分数为2.38%左右的TMAH，作为显影工业的标准被广泛应用于正性光刻胶的显影。

TMAH 显影需要仔细控制溶液的 pH 值，同时显影液温度的控制也是很重要的。光刻胶的溶解速率随显影液温度的变化而变化，显影液温度越高，光刻胶的溶解速率就越快。通常，显影液中还会添加表面活性剂，用来减小表面张力，改善显影效果。

2）显影方法

显影方法包括湿法显影和干法显影。

（1）湿法显影。光刻胶早期湿法显影的方式是将一盒晶圆片浸没在显影液中，并进行一定幅度的振荡，随着晶圆尺寸的逐渐增大，此方法已经不再适用。固定浸没进行湿法显影的方式需要消耗大量的显影液，并且对于大尺寸的晶圆片来说，这种方法很难实现良好的显影均匀性。除了传统的浸没显影外，现在被广泛应用的湿法显影技术有连续喷雾显影和旋覆浸没显影。

① 连续喷雾显影。用连续喷雾显影方式溶解光刻胶的方式类似于光刻胶喷涂系统工艺，事实上现在很多显影系统和涂胶系统都共存于自动轨道系统。连续喷雾显影方式用一个或多个喷嘴喷洒显影液到晶圆表面，真空吸盘上的晶圆片以很慢的速度进行旋转。喷雾显影方

式中喷雾的模式及晶圆片的旋转速率是控制显影效果的关键。近年来，喷雾显影工艺已基本被旋覆浸没显影工艺代替。

② 旋覆浸没显影。旋覆浸没显影与喷雾显影的设备基本相同，喷到晶圆片表面的显影液的量要多一些，通过低速旋转能够覆盖晶圆表面。在所有操作中，为了让可溶解区域充分溶解，显影液必须在光刻胶上停留足够的时间。光刻胶被显影液溶解后，再用去离子水清洗晶圆片表面并旋转甩干。为了获得良好的显影效果，有些厂家也采用多次旋覆浸没的办法。相对传统显影方式而言，旋覆浸没显影的每一片晶圆使用的都是新的显影液，提高了晶圆片间的均匀性，并且旋覆浸没显影减小了温度的影响，实现了对显影均匀性的良好控制。

（2）干法显影。湿法显影由于显影液容易向光刻胶中扩散，因而引起刻蚀图形溶胀，清晰度和尺寸精度不够高，大量显影液的使用容易使晶片受到玷污，且难于实现自动化，因此许多显影已采用干法显影。干法显影是利用气体在高频作用下电离产生等离子体，等离子体轰击或腐蚀晶圆片表面，以达到去除欲去除的材料的目的。干法显影根据工艺的不同有不同的要求，采用的腐蚀气体和腐蚀方法也不同。等离子体与固体表面的反应包括纯化学作用的等离子体腐蚀、纯物理作用的等离子体腐蚀和同时具有化学、物理作用的等离子体腐蚀。

3.2.2.7 检查

在显影完成后，需要对整体的光刻效果进行检查，从而保证后续工艺操作的有效实施。通常的检查项目有以下几个。

（1）图形的套准情况。若自动对准系统的套准容差被精确设定，一般不会出现套偏的情况，除非机械或者检测系统出现了明显故障，但在手动对准系统中，套准情况是主要的检查项目之一。

（2）光刻胶的黏附情况。如晶圆片表面受到玷污，成底膜和脱水烘焙做得不充分，抑或原材料质量变异，都有可能导致光刻胶黏附性变差，使其与晶圆发生剥离，如图 3.17 所示。

（3）图形缺陷。无论是光刻板或者晶圆片的颗粒玷污，还是生产环境或光刻胶的颗粒玷污，都有可能造成光刻图形针孔、多边、图形不规则等缺陷。

(4) 光刻胶厚度。光刻胶的厚度及均匀性在光刻工艺完成后也必须进行确认，以确保后续工艺的一致性和稳定性。

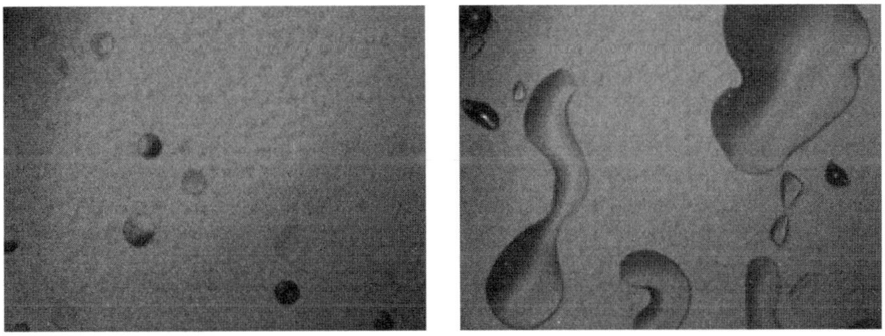

图 3.17　光刻胶剥离

3.2.2.8　坚膜

显影后的热烘焙称做坚膜，又称为后烘或硬烘焙。经过显影的胶膜发生了软化和膨胀，胶膜与晶圆表面黏附力下降，为了保证下一道刻蚀工序能顺利进行，使光刻胶和晶圆表面更好地黏结，必须进一步蒸发掉剩余的溶剂使光刻胶变硬，即通过坚膜处理提高光刻胶对晶圆片的黏附性，为下一步的工艺加工做好准备。

光刻胶供应商一般会推荐光刻胶的坚膜温度，生产厂家可以根据产品要求和加工工艺进行调整。通常的坚膜温度为 120～130℃，对于负胶温度会略高一些，达到 150℃。坚膜通常在热板或者烤箱中进行，在加热过程中光刻胶会发生轻微的流动，从而引起光刻图形发生轻微的变形。也有一些特殊的光刻胶，如 DNQ 酚醛树脂光刻胶，则是通过暴露在深紫外线下进行坚膜。曝光使得树脂发生胶联，在表面形成一层硬壳，可以增加光刻胶的热稳定性。

3.2.2.9　刻蚀

刻蚀是指用化学或物理的方法有选择地去掉晶圆片表面不需要的材料的过程，去除部分可以是沉积在晶圆片上的材料，也可以是基板材料本身。刻蚀的目的是为了精确地将光刻胶的图形复制到晶圆片上。在刻蚀过程中被光刻胶保护的晶圆表面不受到腐蚀液或其他刻蚀源的侵蚀，而未受到保护的部分则被侵蚀掉。刻蚀的具体工艺过程，将在下一节进行介绍。

3.2.2.10 去胶

光刻胶作为掩模材料在半导体加工工艺中起到了图形复制和传递的作用，而一旦刻蚀工艺（或者其他工艺）完成，光刻胶的使命也就完成，必须将其完全清除干净，这一工序就是去胶，如图 3.18 所示。去胶分为湿法去胶和干法去胶。

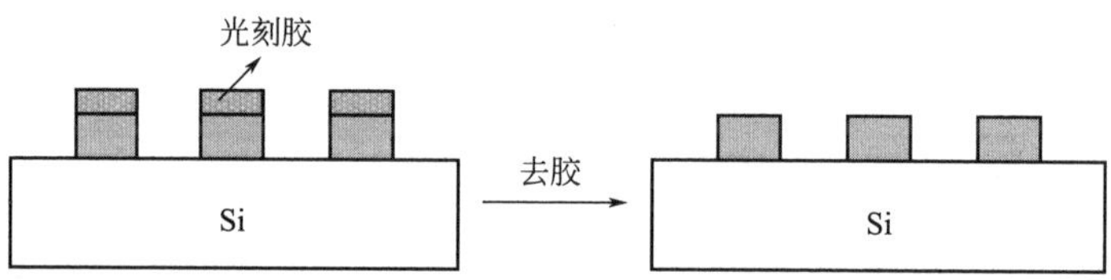

图 3.18 去胶

1）湿法去胶

湿法去胶是将带有光刻胶的晶圆片浸泡在适当的有机溶剂中溶解或者分解光刻胶，将晶圆表面的光刻胶去除。在湿法刻蚀前，光刻胶的表面都经过了表面加固处理，这使得光刻胶在大部分去胶液中都不溶解或者很难完全溶解。这种情况下，在进行湿法去胶前还需要用等离子体去掉最上面的一层胶。湿法去胶的主要缺点是去胶周期长，容易引进无机杂质，并且操作麻烦。

2）干法去胶

干法去胶主要是等离子去胶，通常采用等离子体氧化或分解等方式去除光刻胶。

等离子去胶机是广泛应用于去胶的设备。去胶机通过氧原子和光刻胶在等离子体环境中发生反应来去除光刻胶。光刻胶的基本成分是碳氢聚合物，氧原子可以很快地和光刻胶反应生成一氧化碳、二氧化碳和水等，这些生成物会被真空系统抽走。干法去胶既不需要化学试剂，也不需要加温。

干法去胶工艺中，由于离子的轰击，必然会对晶圆片表面产生损伤。尽管目前干法去胶技术已经得到了极大的改进，比如采用顺流去胶机可以大大减少等离子体对器件的损伤，但是随着低介电材料在工业中的广泛应用，技术人员又面临着新的挑战，他们需要研发新的工艺和设备，使得在工艺生产中不会损伤非常敏感的材料，正是由于这些因素，湿法去胶工艺仍然被使用。目前集成电路制造厂家通常是湿法去胶和干法去胶两种去胶方式一起使用，湿法去胶作为干法去胶的有益补充。

3.3 刻蚀

刻蚀是指将晶圆上没有被光刻胶覆盖或保护的部分，以化学反应或物理作用的形式加以去除，完成将图形转移到晶圆片表面上的工艺过程。在集成电路制造工艺中，刻蚀与光刻相联系，是一种主要的图形化处理工艺。在集成电路制造中，刻蚀工艺主要有两种：干法刻蚀和湿法刻蚀。

3.3.1 干法刻蚀

干法刻蚀是指利用等离子体激活或高能离子束轰击的方式去除物质。由于在刻蚀中不使用液体，所以称为干法刻蚀。与湿法刻蚀相比，干法刻蚀具有以下优点：

① 刻蚀剖面是各向异性的，具有非常好的侧壁剖面控制；

② 好的特征尺寸控制；

③ 最小的光刻胶脱落或黏附问题；

④ 好的片内、片间、批次间的刻蚀均匀性；

⑤ 较低的化学制品使用和处理费用。

当然，干法刻蚀也具有选择比低、成本高以及设备复杂等缺点。干法刻蚀系统中，刻蚀作用是通过化学作用或物理作用，或者化学和物理的共同作用来实现的，如图 3.19 所示。干法刻蚀主要包括等离子体刻蚀、离子束溅射刻蚀与反应离子刻蚀。

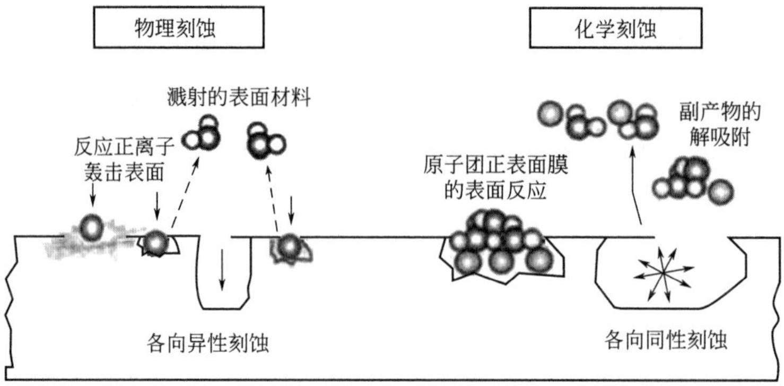

图 3.19　化学和物理的干法刻蚀机理

化学刻蚀，如等离子体刻蚀，等离子体产生的反应元素（自由基和反应原子）与硅片表面的物质发生反应，为了获得高的选择比（即为了与光刻胶或下层处理的化学反应最小），进入腔体的气体（一般含氯或氟）都要经过慎重的选择。由于等离子体化学刻蚀是各向同性的，所以其控制线宽的能力较差。反应中产生的挥发性生成物被真空泵抽走。

物理刻蚀，如离子束溅射刻蚀，等离子体产生的带能粒子（轰击的正离子）在强电场下朝硅片表面加速，这些离子通过溅射刻蚀作用去除未被保护的硅片表面材料。一般是用惰性气体，如氩。这种机械刻蚀具有很强的刻蚀方向性，可以获得高的各向异性刻蚀剖面，以达到好的线宽控制目的。然而，这种刻蚀的选择比差，被溅射作用去除的元素是非挥发性的，可能会重新沉积到硅片表面，带来颗粒和化学污染。

还有一种是物理和化学混合刻蚀，如反应离子刻蚀，离子轰击改善化学刻蚀作用。刻蚀剖面可以通过调节等离子体条件和气体组分从各向同性向各向异性改变。这种混合作用机理刻蚀能获得好的线宽控制，并有不错的选择比，因而被大多数干法刻蚀工艺所采用。表 3.2 总结了化学作用、物理作用和混合作用刻蚀中的不同刻蚀参数。

表 3.2　不同作用下刻蚀参数的比较

刻蚀参数	物理刻蚀（RF 电场垂直于硅片表面）	物理刻蚀（RF 电场平行于硅片表面）	化学刻蚀	物理和化学刻蚀
刻蚀机理	物理离子溅射	等离子体中的活性基与硅片表面反应	液体中的活性基与硅片表面反应	在干法刻蚀中，刻蚀包括离子溅射和活性元素与硅片表面的反应
侧壁剖面	各向异性	各向同性	各向同性	各向同性至各向异性
选择比	差/难以提高（1∶1）	一般/高（5∶1～100∶1）	高/很高（高于 500∶1）	一般/高（5∶1～100∶1）
刻蚀速率	快	适中	慢	适中
线宽控制	一般/好	差	非常差	好，非常好

3.3.1.1　等离子体刻蚀

等离子体刻蚀是将刻蚀气体电离产生带电离子、分子、电子，以及化学活性很强的原子（分子）团，此原子（分子）团扩散到被刻蚀膜层的表面，与待刻材料反应生成具有挥发性的反应物质，并被真空设备抽离排出。等离子体刻蚀属于化学反应刻蚀，具有类似于湿法刻蚀的优缺点，即对遮罩、底层的选择比高，但却是各向同性刻蚀，线宽控制性差。常见薄膜的等离子体刻蚀有以下几种。

1）二氧化硅膜的等离子体刻蚀

在 VLSI 工艺中，对二氧化硅的等离子体刻蚀通常是采用含有氟化碳的刻蚀气体，如 CF_4、CHF_3、C_2F_6、SF_6 和 C_3F_8 等。刻蚀气体中所含的碳可以与氧化层中的氧产生副产物 CO 及 CO_2，从而去除氧化层中的氧。CF_4 是最常用的刻蚀气体，当 CF_4 与高能量电子

（10eV 以上）碰撞时，就会产生各种离子、原子团、原子和游离基。氟游离基可以与 SiO_2 和 Si 发生化学反应，生成具有挥发性的四氟化硅（SiF_4）。整个刻蚀过程的反应式为：

$$CF_4 \longrightarrow 2F + CF_2$$

$$SiO_2 + 4F \longrightarrow SiF_4 + 2O$$

$$Si + 4F \longrightarrow SiF_4$$

$$SiO_2 + 2CF_2 \longrightarrow SiF_4 + 2CO$$

$$Si + 2CF_2 \longrightarrow SiF_4 + 2C$$

2）氮化硅膜的等离子体刻蚀

在 VLSI 工艺中，在二氧化硅层上通过 LPCVD（低压化学气相沉积）方法沉积的 Si_3N_4 薄膜，结合光刻和干法刻蚀形成图形，作为以后氧化或扩散的掩盖层，并不成为器件的组成部分。这类 Si_3N_4 膜可以使用 CF_4 或 CF_4 混合气体（加 O_2、SF_6 和 NF_3）进行等离子体刻蚀。对通过 PECVD（等离子体增强化学气体沉积）方法沉积的 Si_3N_4 器件保护层，经过光刻和干法刻蚀后，氮化硅下面的金属层会显露出来，形成器件的压焊层，这种 Si_3N_4 膜可以使用 CF_4—O_2 等离子体或其他含有 F 原子的气体等离子体进行刻蚀。对氮化硅的刻蚀速率可达到 1200Å/min，刻蚀选择比可高达 20∶1。

3）多晶硅膜的等离子体刻蚀

在 MOS 器件中，栅长会影响器件的性能，因此对其尺寸的控制非常重要。多晶硅的刻蚀要有很好的选择比和刻蚀侧墙等。通常选用卤素气体，氯气可实现各向异性刻蚀，并且有很好的选择比（可达到 10∶1）；溴基气体可得到 100∶1 的选择比；而 HBr 与氯气、氧气的混合气体，则可以提高刻蚀速率，而且卤素气体与硅的反应产物沉积在侧墙上，可起到保护作用，形成很好的刻蚀剖面。

4）金属膜的等离子体刻蚀

金属刻蚀主要是互连线及多层金属布线的刻蚀，刻蚀的要求是：

高刻蚀速率（大于 1000nm/min）；高选择比，对掩盖层大于 4∶1，对层间介质大于 20∶1；高的刻蚀均匀性；关键尺寸控制好；无等离子体损伤；残留污染物少；不会腐蚀金属。

（1）铝的刻蚀。铝是半导体制备中最主要的导线材料，具有电阻低、易于沉积和刻蚀的优点。刻蚀铝是利用氯化物气体所产生的等离子体完成的。铝和氯反应产生具有挥发性的三氯化铝（$AlCl_3$），随着腔内气体被抽干。一般情况下，铝的刻蚀温度比室温稍高（例如 70℃），$AlCl_3$ 的挥发性更佳，可以减少残留物。除了氯气外，常将卤化物加入其中，如 $SiCl_4$、BCl_3、BBr_3、CCl_4、CHF_3 等。铝很容易和空气中的氧或水汽反应，形成大约 30～50Å 的氧化铝层。该氧化铝层的化学性质不活泼，隔绝了铝和氧的接触，保证铝不再氧化。相对地，在铝刻蚀的初期，它也隔绝了氯气和铝的接触，阻碍了刻蚀的进行。

在铝的刻蚀过程中，BCl_3 是常用的添加气体，其主要目的有：第一，BCl_3 极易和湿氧中的氧和水反应，故可吸收腔内的水汽及氧气；第二，BCl_3 在等离子体中可将铝合金表面的自生氧化层还原，反应式为：

$$Al_2O_3 + 3BCl_3 \longrightarrow 2AlCl_3 + 3BOCl$$

氯基气体的刻蚀是各向同性的，为了获得各向异性的刻蚀，可以向反应气体中加入 $SiCl_4$、CCl_4、CHF_3 等气体。这些气体会与光刻胶中的碳反应生成聚合物，沉积在金属侧墙上，保护侧墙不受离子的轰击，不与反应气体反应，从而得到很好的各向异性的刻蚀，但二氧化硅则无法实现侧墙保护。如图 3.20 所示是两种不同遮蔽层所产生的刻蚀效果，因此在金属刻蚀时，通常选择光刻胶作为遮蔽层，而不是二氧化硅。

由于在铝中加入了少量的硅和铜，因此硅和铜的去除就成为铝刻蚀时要考虑的问题。如果两者之一未能被刻蚀掉的话，留下来的硅和铜的颗粒将阻碍其下面的铝的刻蚀，进而形成柱状的残留物，也就是所谓的微遮罩现象。对于硅的刻蚀，可在氯的等离子体中完成，其反应式为：

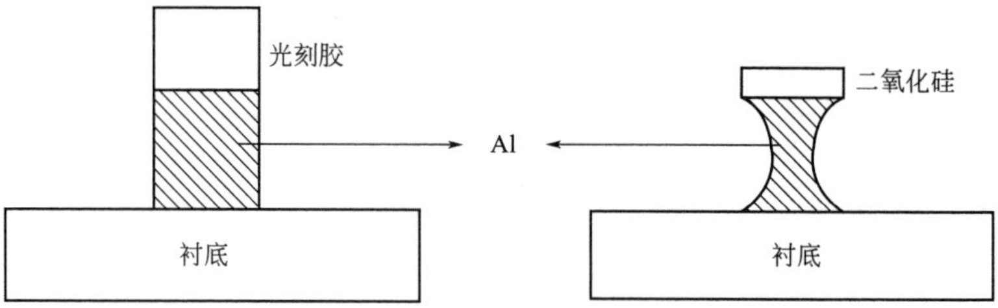

图 3.20 使用光阻掩模和二氧化硅掩模的刻蚀示意图

$$Si+2Cl_2 \longrightarrow SiCl_4$$

$SiCl_4$ 的挥发性好，所以对于铝中的硅的去除没有问题。然而对于铜的去除就比较困难了，因为 $CuCl_2$ 的挥发性不好，所以 Cu 的去除无法用化学反应方法进行，必须以物理方式的离子轰击将 Cu 原子去除，另外适当的升温也有利于 $CuCl_2$ 的挥发。

（2）钨的刻蚀。在多层金属结构中，钨是用于通孔填充的主要金属，其他的还有钛、钼等。可以用氟基或氯基气体来刻蚀金属钨，但是氟基气体（SiF_6、CF_4）对氧化硅的选择比较差，而氯基气体（CCl_4）则有好的选择比。在反应气体中加入氮气来获得高的刻蚀胶选择比，加入氧气来减少碳的沉积。用氯基气体刻蚀钨可实现各向异性刻蚀和高选择比。

干法刻蚀钨使用的气体主要是 SF_6、Ar 及 O_2，其中，SF_6 在等离子体中可被分解，以提供氟原子和钨进行化学反应产生氟化物 WF_6：

$$W+6F \longrightarrow WF_6$$

因此，其他氟化物如 CF_4、NF_3 等都可作为钨反刻的气体。因为 WF_6 在常温下是气体（沸点为 17.1℃），在反应室中极易被排除，不影响反应室的刻蚀情况。但若使用 SF_6，最终产物将有硫产生，因为硫的气压较低，在反应室中就会有较多的沉积，可能导致钨的反刻不净，但相对的好处是栓塞中的钨损失少。若用 CF_4 为刻蚀气体，则会发生与上述情况相反的情况。

3.3.1.2 离子束溅射刻蚀

离子束溅射刻蚀又叫做离子束刻蚀或离子铣。与化学等离子体刻蚀系统不同，离子束刻蚀是一个物理工艺。晶圆在真空反应室内被置于固定器上，向反应室导入氩气流，氩气受到从一对阴阳极来的高能电子束流的影响，电子将氩原子离子化，成为带正电荷的高能状态。由于晶圆位于接负极的固定器上，所以氩离子便被吸向固定器，当氩原子向晶圆固定器移动时，它们会加速轰击进入到暴露的晶圆层，并将晶圆表面炸掉一小部分。该刻蚀方法属于纯物理过程，氩原子与晶圆材料间不发生化学反应。

3.3.1.3 反应离子刻蚀

反应离子刻蚀是通过活性离子对衬底的物理性轰击和化学反应双重作用的刻蚀。它具有溅射刻蚀和等离子体刻蚀的优点，同时兼有各向异性和选择性好的优点，因此，反应离子刻蚀是目前 VLSI 工艺中最主流的干法刻蚀方法。反应离子刻蚀中辉光放电在零点几到几十帕的低真空范围内进行，其硅片处于阴极电位，放电时的电位大部分降落在阴极周围，大量的带电粒子受垂直于硅片表面的电场作用加速，垂直入射到硅片的表面上，以较大的动量进行物理刻蚀，同时还与薄膜表面发生强烈的化学反应，产生化学刻蚀作用，即反应离子刻蚀过程同时兼备物理和化学两种作用。选择恰当的刻蚀气体成分，不仅可以获得理想的刻蚀选择性和速率，还可以使活性基团的寿命缩短，这就有效地抑制了由于这些基团在薄膜表面附近的扩散所造成的侧向反应，大大提高了刻蚀的各向异性特性。反应离子刻蚀具有以下特点。

（1）化学反应与物理作用相结合，有较大的各向异性，刻蚀分辨率能达到 $1\mu m$ 以下，优于等离子体刻蚀法。

（2）气压低，气体的自由程大，离子被电场作用的距离长，且射频源接在下电极上，离子的速度与动能增大，使离子的物理溅射作用与促进化学反应的作用均增强，刻蚀速率快。

（3）能刻蚀的材料种类多，能刻蚀用等离子体刻蚀法难以刻蚀的 Al、SiO_2 等材料。

3.3.2 湿法刻蚀

最早的刻蚀技术是利用溶液与薄膜间所进行的化学反应，去除薄膜未被光刻胶覆盖的部分，这种刻蚀方式就是湿法刻蚀。湿法刻蚀又称为湿化学腐蚀，是一种纯化学刻蚀。湿法刻蚀的反应产物必须是气体或可溶于刻蚀剂的物质，否则会造成反应产物的沉淀，影响刻蚀的正常进行。湿法刻蚀可以控制刻蚀液的化学成分，使得刻蚀液对特定薄膜材料的刻蚀速率远大于对其他材料的刻蚀速率，从而提高刻蚀的选择性。通常使用湿法刻蚀处理的材料包括硅、铝和二氧化硅等。

3.3.2.1 硅的湿法刻蚀

在硅的湿法刻蚀的各种方法中，多数都是采用强氧化剂对硅进行氧化，然后利用氢氟酸与 SiO_2 反应去掉 SiO_2，达到刻蚀硅的目的。最常用的刻蚀溶剂是硝酸（HNO_3）与氢氟酸（HF）和水（或醋酸）的混合液。化学反应方程式为：

$$Si+HNO_3+6HF \longrightarrow H_2SiF_6+HNO_2+H_2O+H_2$$

$$3Si+4HNO_3+18HF \longrightarrow 3H_2SiF_6+4NO+8H_2O$$

化学反应生成的 H_2SiF_6 可溶于水。经过 2～3min，硅就会被刻蚀出 10～20μm 的深槽。通常在刻蚀剂中加入少量的醋酸作为缓冲剂，以抑制硝酸的电离。至于刻蚀速率的调整，则可以借由改变硝酸和氢氟酸的配比，再配合缓冲剂的添加或者是水的稀释来控制。刻蚀过程会散发大量的热，若不注意散热降温，会影响刻蚀的质量，因此硅的刻蚀多数在冰水中进行。

此外，也可以使用含 KOH 的溶液进行刻蚀。KOH 刻蚀溶液常用 KOH、H_2O 和 $(CH_3)_2CHOH$ 配比的混合液，硅在 KOH 刻蚀溶液中的反应方程式为：

$$KOH+H_2O \longrightarrow K^{+}+2OH^{-}+H^{+}$$

$$Si+2OH^{-}+4H_2O \longrightarrow Si(OH)_6^{2-}+2H_2$$

即首先将硅氧化成含水的硅化物。其络合反应的化学方程式为：

$$Si(OH)_6^{2-} + 6(CH_3)_2CHOH \longrightarrow [Si(OC_3H_7)_6]^{2-} + 6H_2O$$

由上述反应方程式可知，KOH 首先将硅氧化成含水的硅化合物，然后与异丙酸反应，形成可溶性的硅络合物，这种络合物不断离开硅的表面，水的作用是为氧化过程提供 OH^-。

3.3.2.2 二氧化硅的湿法刻蚀

SiO_2 的湿法刻蚀可以使用氢氟酸（HF）作为刻蚀剂，其反应方程式为：

$$SiO_2 + 6HF \longrightarrow H_2SiF_6 + 2H_2O$$

$$4H^+ + 5SiF_6^{2-} + SiO_2 \longrightarrow 3F_4Si\text{-}SiF_6^{2-} + 2H_2O$$

在反应过程中会不断消耗 HF，从而导致反应速率随时间的增加而降低。为了避免这种现象的发生，通常在刻蚀溶液中加入一定的氟化铵作为缓冲剂，形成的刻蚀溶液称为 BHF。氟化铵通过分解反应产生 HF，维持 HF 的恒定浓度。NH_4F 分解的反应方程式为：

$$NH_4F \longrightarrow NH_3 + HF$$

分解反应产生的 NH_3 以气态形式排除。

在集成电路工艺中，除了需要对热氧化和 CVD 等方式得到的 SiO_2 薄膜进行刻蚀外，还需要对磷硅玻璃（PSG）和硼磷硅玻璃（BPSG）等进行刻蚀。这些 SiO_2 层的组成并不完全相同，所以 HF 对这些 SiO_2 薄层的刻蚀速率也是不完全相同的。当刻蚀溶液温度一定时，SiO_2 的刻蚀速率取决于溶液的配比以及 SiO_2 的掺杂程度，如图 3.21 所示。掺杂磷浓度越高，刻蚀速率越快，掺杂硼则正好相反。

SiO_2 对刻蚀溶液的温度也十分敏感。温度越高，刻蚀速率越快。因此，要严格控制刻蚀溶液的温度，如图 3.22 所示。刻蚀时间由 SiO_2 的厚度和选用的刻蚀速率决定。由于 SiO_2 层有一定的厚度误差（不均匀性），为了保证刻蚀均匀、充分（即刻蚀干净），应该考虑适当的过刻蚀量。如 100nm/min 的刻蚀速率，应当有 30～60s 的过刻蚀时间。

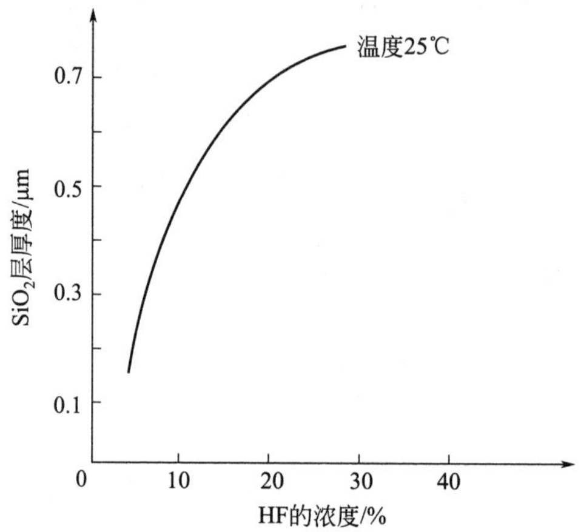

图 3.21　HF 浓度的影响

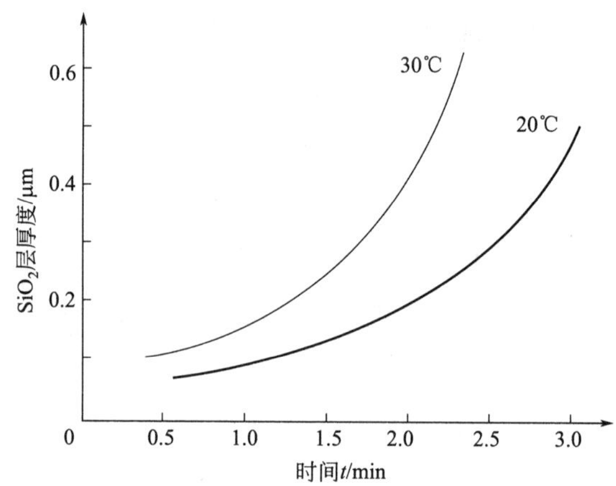

图 3.22　刻蚀温度的影响

3.3.2.3　氮化硅的湿法刻蚀

氮化硅是一种化学性质比较稳定的致密材料，它在集成电路制造过程中的作用，主要是作为场氧化层在进行氧化生长时的遮盖层，以及半导体元件完成主要流程后的保护层。通常情况下，利用 180℃下浓度为 85％的磷酸来进行氮化硅的刻蚀，同时采用回流蒸发器。采用回流蒸发器的目的是防止操作时刻蚀溶液成分发生变化。氮化硅刻蚀的化学反应方程式为：

$$Si_3N_4 + 4H_3PO_4 + 10H_2O \longrightarrow Si_3O_2(OH)_8 + 4NH_4H_2PO_4$$

值得一提的是，热磷酸对氮化硅及二氧化硅的刻蚀选择比大于20∶1，刻蚀速率约为60Å/min。另外，氮化硅的刻蚀速率和其生长方式有关，以电浆辅助化学气相沉积方式所得到的氮化硅，会比以高温的低压化学气相沉积方式所得到的氮化硅的刻蚀速率快得多。不过，由于高温磷酸会造成光刻胶剥落，所以，进行有图案的氮化硅的湿法刻蚀时，必须使用二氧化硅来做遮盖层。湿法刻蚀大多用于整层氮化硅的去除，对于小面积刻蚀，通常选择干法刻蚀。

3.3.2.4 铝的湿法刻蚀

集成电路中大多数电极引线都由铝或铝合金制成。铝刻蚀的方法很多，生产上常用经过加热的磷酸、硝酸、醋酸以及水的混合溶液，典型的比例是80∶5∶5∶10。硝酸的作用主要是提高刻蚀速率，但不能加得太多，否则会影响光刻胶的抗蚀能力；醋酸是用来提高刻蚀均匀性的。刻蚀的反应方程式为：

$$2Al + 6H_3PO_4 \longrightarrow 2Al(H_2PO_4)_3 + 3H_2\uparrow$$

生成的酸式磷酸铝易溶于水。如果刻蚀溶液使用时间过长，酸度会明显下降，Al和H_3PO_4会生成难溶的白色磷酸铝沉淀物。其反应方程式为：

$$2Al + 2H_3PO_4 \longrightarrow 2AlPO_4\downarrow + 3H_2\uparrow$$

生成的白色磷酸铝不仅难溶于水，而且往往会沉积于硅片表面，对铝的刻蚀十分不利，因此，刻蚀溶液也要经常更换。另外，铝和磷酸的化学反应十分剧烈，会产生大量的H_2（气泡）浮积在硅片表面，为了清除这些气泡，可以加入少量的无水乙醇或硝酸。刻蚀温度一般为70℃，要控制好刻蚀时间，既要求刻蚀得很干净，又不能刻蚀过度。除了采用磷酸作为铝刻蚀溶液外，还可以使用高锰酸钾，配比如下：

$$KMnO_4 : NaOH : H_2O = 6g : 10g : 90mL$$

刻蚀温度为40～50℃，时间为数秒。这种刻蚀速度十分快，图形边缘很整齐。其反应方程式为：

$$KMnO_4 + Al \xrightarrow{NaOH} KAlO_2 + MnO_2 \downarrow$$

由于高锰酸钾是一种强氧化剂，刻蚀溶液中的 MnO_2 会沉积在硅片表面，妨碍铝的刻蚀。往往刻蚀之后再浸入 25% 的亚硫酸钠（内加 1～2 滴硫酸）溶液中漂洗一下，去除掉 MnO_2。高锰酸钾刻蚀溶液是碱性的，对光刻胶有腐蚀作用，并且 K^+、Na^+ 也会对半导体器件造成不良影响，因此很少采用。

3.4 掺杂

掺杂指的是将可控数量的所需杂质掺入晶圆中的特定区域内，从而改变半导体的电学性能。一般来说，本征半导体中载流子数目极少，导电能力很低，但如果在其中掺入微量的杂质，所形成的杂质半导体的导电性能将大大增强。由于掺入的杂质不同，杂质半导体可以分为 N 型和 P 型两大类。N 型半导体中掺入的杂质为磷或其他五价元素，P 型半导体中掺入的杂质为硼或其他三价元素。扩散和离子注入是半导体掺杂的两种主要工艺。

3.4.1 扩散

扩散是微观粒子一种极为普遍的运动形式，从本质上讲，它是微观粒子做无规则热运动的统计结果。扩散描述了一种物质在另一种物质中运动的情况，就是一种原子、分子或离子在高温驱动下由高浓度区向低浓度区运动的过程。从另一个意义上讲，扩散是使浓度或温度趋于均匀的一种热运动，它的本质是质量或能量的迁移。扩散必须同时具备两个条件。

（1）扩散的粒子存在浓度梯度。一种材料的浓度必须要高于另外一种材料的浓度，扩散才能进行。

（2）一定的温度。系统内部必须有足够的能量使高浓度的材料进入或通过另一种材料。

扩散方法按其扩散的不同，主要分为液态源扩散、片状固体源扩散和固-固扩散。

3.4.1.1 液态源扩散

液态源扩散主要是使保护气体通过含有扩散杂质的液态源，从而携带杂质蒸气进入处于高温下的扩散炉中。杂质蒸气在高温下分解，形成饱和蒸气压，原子通过硅片的表面向内部扩散，达到掺杂的目的。其特点是设备简单，操作方便，均匀性好，适于批量生产。液态源扩散装置的结构如图 3.23 所示，控制好炉温、扩散时间及杂质源，即可得到预期的掺杂要求。

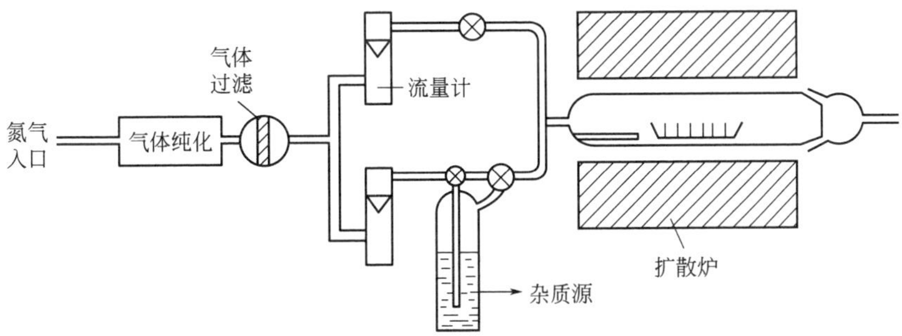

图 3.23 液态源扩散装置的结构

3.4.1.2 片状固体源扩散

片状固体源扩散的扩散源为片状固体，外形与硅圆片相同，扩散时将其与硅片间隔放置，并一起放入高温扩散炉中。

（1）固态硼扩散。用于固态硼扩散的杂质源为片状氮化硼，片状氮化硼首先经过氧化激活，使其表面氧化生成三氧化二硼，三氧化二硼与硅反应生成二氧化硅和硼原子，硼原子开始扩散。其反应方程式为：

$$4BN+3O_2 \longrightarrow 2B_2O_3+2N_2$$

$$2B_2O_3+3Si \longrightarrow 3SiO_2+4B$$

（2）固态磷扩散。用于固态磷扩散的杂质源是偏磷酸铝和焦磷酸硅经过混合、干压和烧制而成的，这两种化合物在高温下分解，释放出五氧化二磷，五氧化二磷与硅反应生成磷原子，磷原子向晶圆内部扩散。其反应方程式为：

$$Al(PO_3)_3 \longrightarrow AlPO_4 + P_2O_5$$

$$SiP_2O_7 \longrightarrow SiO_2 + P_2O_5$$

$$2P_2O_5 + 5Si \longrightarrow 5SiO_2 + 4P$$

3.4.1.3 固-固扩散

固-固扩散指的是在硅晶圆片表面用化学气相沉积等方法，生长薄膜的过程中同时在膜内掺入一定的杂质，然后以这些杂质为扩散源在高温下向硅片内部扩散。薄膜可以是掺杂的氧化物、多晶硅以及氮化物等。目前，以掺杂氧化物最为成熟，其在集成电路生产中已经得到广泛的应用。

固-固扩散分两步进行，第一步，在低温（约 700～800℃）下沉积包含杂质的氧化层。以 N 型掺杂为例，将磷酸三甲酯和有机硅烷以 50∶1 的比例混合，置于 750℃的真空反应腔内使其发生分解，在晶圆表面沉积一层五氧化二磷；第二步，升高反应温度至 1200℃，使表面的氧化层与硅反应生成杂质磷原子，磷原子再分布扩散，达到掺杂的目的。磷的固-固扩散装置如图 3.24 所示。

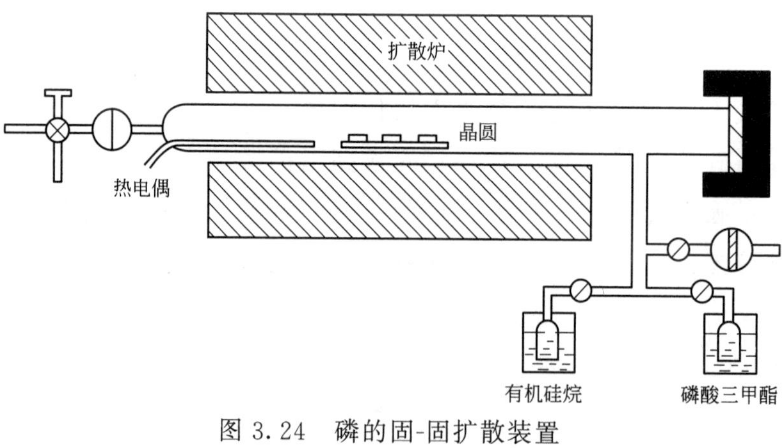

图 3.24　磷的固-固扩散装置

以上 3 种扩散方法都可以通过控制扩散温度、扩散时间以及气体流量，从而实现对掺入杂质量的控制，扩散技术在结深为 1μm 以上的半导体器件生产中广泛应用。

3.4.2 离子注入

随着器件尺寸的不断减小，对掺杂技术提出了更高的要求，在这种情况下，离子注入技术很好地发挥了它的优势。离子注入法掺杂相比扩散法掺杂具有加工温度低、容易制作浅结、能够均匀地大面积注入杂质和易于实现自动化等优点。离子注入法已成为超大规模集成电路制造中不可缺少的掺杂工艺。

3.4.2.1 离子注入原理

原子或分子经过离子化后形成离子，它带有一定量的电荷，即等离子体。用能量为 100keV 量级的离子束入射晶圆，离子束与晶圆中的原子或分子将发生一系列的相互作用，入射离子逐渐损失能量，最后停留在晶圆中，从而达到掺杂的目的。

离子注入晶圆中后，会与硅原子碰撞而损失能量，能量耗尽后离子就会停在晶圆中的某个位置上。离子通过与硅原子的碰撞将能量传递给硅原子，使得硅原子成为新的入射粒子，新入射离子又会与其他硅原子碰撞，形成连锁反应，如图 3.25 所示。

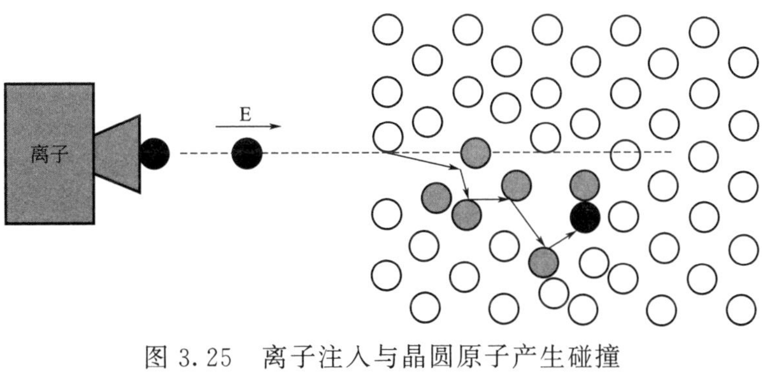

图 3.25 离子注入与晶圆原子产生碰撞

杂质在晶圆中移动会产生一条晶格受损路径，损伤情况取决于杂质离子的轻重，这会使得硅原子离开格点位置，在半导体中产生一些晶格缺陷，如图 3.26 所示。离子射程指的是注入时离子进入晶圆内部后，从表面到停止所经过的路程。入射离子能量越高，射程就会越长。有的离子射程远，有的离子射程近，还有一些离子会发生横向移动。

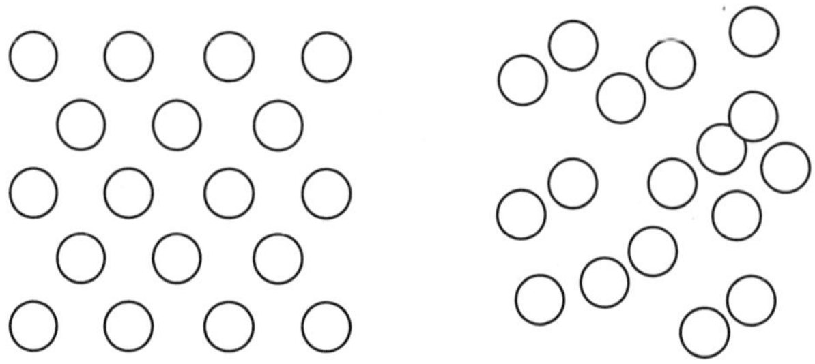

(a) 离子注入前　　(b) 离子注入后

图 3.26　离子注入导致晶体晶格损伤

3.4.2.2　离子注入的特点

（1）离子注入法的优点包括以下几个方面：

① 可在较低的温度下（低于 750℃）将各种杂质掺入到半导体中，避免由于高温产生的不利影响；

② 能精确控制基片内杂质的浓度、分布和注入浓度，对浅结器件的研制有利；

③ 所掺杂质是通过分析器单一地分选出来后注入半导体基片中去，可避免混入其他杂质；

④ 能在较大面积上形成薄而均匀的掺杂层；

⑤ 能获得高浓度扩散层，而不受固溶度极限的限制；

⑥ 没有横向扩散（各向异性），如图 3.27 所示。

（2）离子注入法的缺点包括以下几个方面：

① 在晶体内产生的晶格缺陷不能全部消除；

② 离子束的产生、加速、分离和集束等设备价格昂贵；

③ 制作深结比较困难。

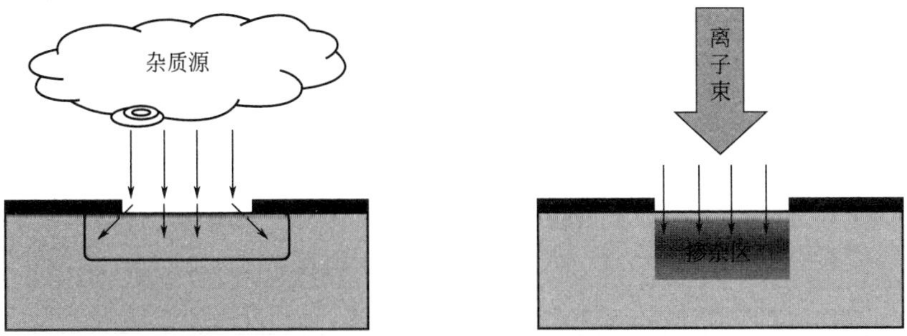

(a) 扩散掺杂中有横向扩散　(b) 离子注入掺杂没有横向扩散

图 3.27　离子注入没有横向扩散

3.4.2.3　离子注入设备

离子注入是在离子注入机上进行的，离子注入机的结构如图 3.28 所示。

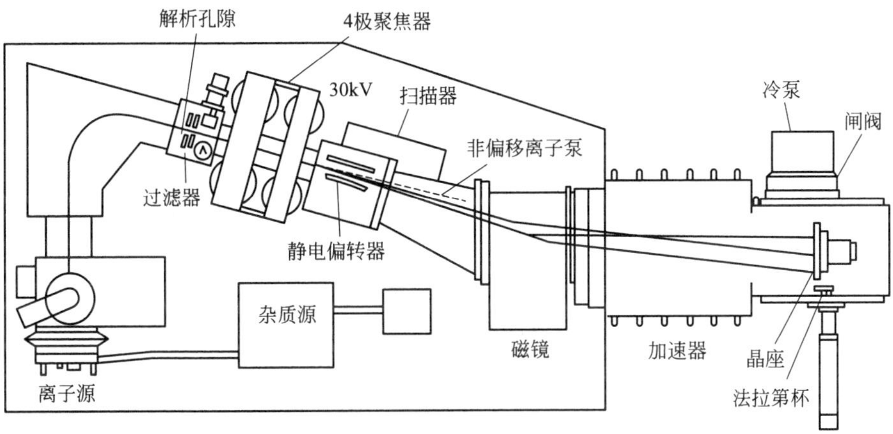

图 3.28　离子注入机的结构

1）离子源

离子源是产生注入离子的发生器。常用的离子源有高频离子源、电子振荡型离子源和溅射型离子源等。把引入离子源中的杂质，经离化作用电离成离子，用于离化的物质可以是气体，也可以是固体，相对应的就有气体离子源和固体离子源。为了便于使用和控制，偏向于使用气态源，但气态源大多有毒且易燃易爆，使用时必须注意安全。

2）分析器

从离子源引出的离子束一般包含几种离子，而需要注入的只是其中的一种，需要通过分析器将所需要的离子分选出来。质量分析器的核心部件是磁分析器，如图 3.29 所示。在相同的磁场作用下，不同荷质比的离子会以不同的曲率半径做圆弧运动，选择合适的曲率半径，就可以筛选出需要的离子。荷质比较大的离子偏转角度太小，荷质比较小的离子偏转角度太大，都无法从磁分析器的出口通过，只有具有合适荷质比的离子才能顺利通过磁分析器，最终注入晶圆中。

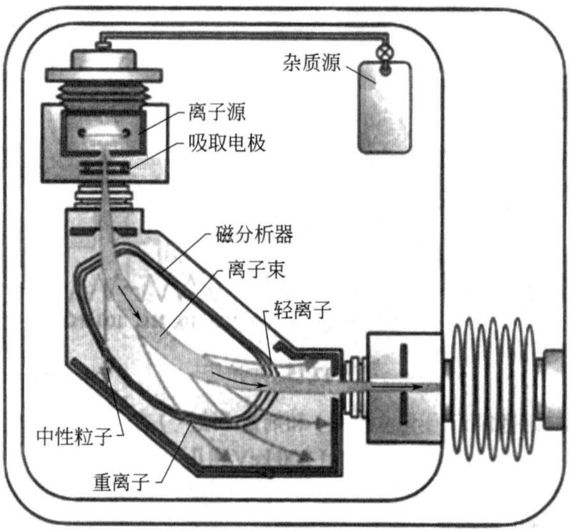

图 3.29　磁分析器

3）加速器

为了保证离子能够注入晶圆，并且具有一定的射程，离子的能量必须满足一定的要求，所以，离子还需要用加速器进行电场加速，如图 3.30 所示。完成加速任务的是由一系列被介质隔离的加速电极组成的管状加速器。离子束进入加速器后，经过电极的连续加速，能量增大很多。

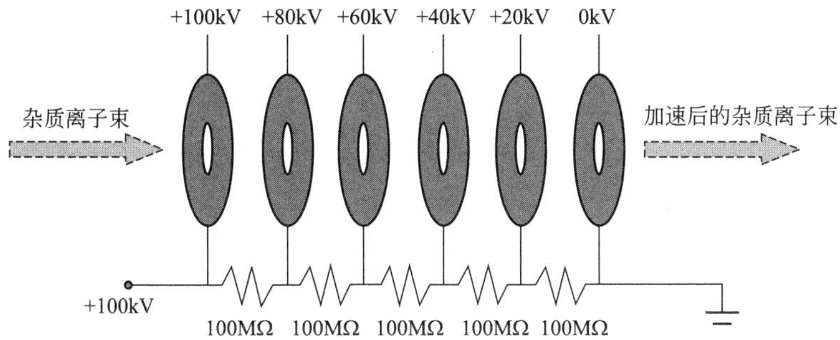

图 3.30 加速器加速电场

4）扫描器

离子束的截面通常比较小，且中间密度大，四周密度小，这样的离子束注入靶片，注入面积小且不均匀，根本不能用。扫描就是为了使离子在整个靶片上均匀注入而采取的一种措施。扫描的方式有以下3种：

① 固定晶圆，移动离子束，即晶圆静止，离子束在 x、y 两个方向上做电扫描；

② 固定离子束，移动晶圆，即离子束不扫描，完全由晶圆的机械运动实现全机械扫描；

③ 离子束在 y 方向上做电扫描，晶圆沿 x 方向做机械运动。

5）靶室

靶室也称为工作室，室内有安装晶圆片的晶座，可以根据需要做机械运动。

3.4.2.4 注入离子的浓度分布

入射离子与晶圆之间有不同的相互作用方式，若离子能量足够高，则多数离子被注入晶圆内部；反之，则大部分离子被反射而远离晶圆。注入内部的离子会与晶格原子发生不同程度的碰撞，离子沿沟道前进时，来自原子的阻止作用要小得多，因此射程也大得多。如图 3.31 所示，沿 A 轨迹运动的离子未与任何原子碰撞，因此可以到达很深的位置，这种现象称为“沟道效应”。

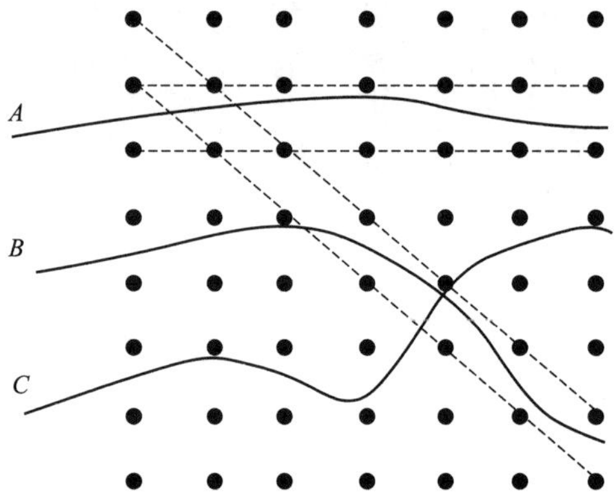

图 3.31　沟道效应

沟道效应会使离子注入的可控性降低，甚至使得器件失效，因此，在离子注入时需要抑制这种沟道效应。在晶圆表面沉积一层非晶格结构的材料，或事先破坏掉晶圆表面较薄的一层结晶层等，都可以降低沟道效应的产生。在利用离子注入技术制备半导体器件的 PN 结时，为了精确控制结深，常采用注入方向相对于晶片的晶轴方向偏离一定角度，通常为 8°左右。离子注入的杂质浓度分布一般呈现为高斯分布，并且浓度最高处不是在表面，而是在表面以内的一定深度处，如图 3.32 所示。

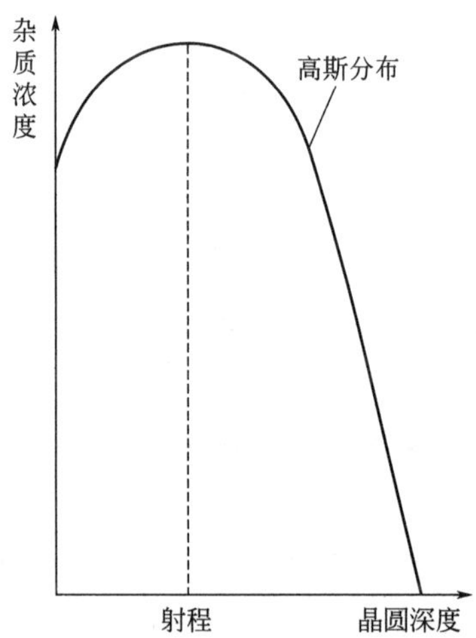

图 3.32　浓度分布图

3.4.2.5 退火

离子注入会对晶格造成损伤，因此在离子注入后需要进行退火来消除这些缺陷。退火属于热处理工艺，集成电路工艺中所有在不活泼气氛中进行的热处理过程都可以称为退火。退火可以使不在晶格位置上的离子运动到晶格位置，以便具有电活性，产生自由载流子，起到杂质的作用，从而消除晶格缺陷。退火前后的比较如图 3.33 所示。

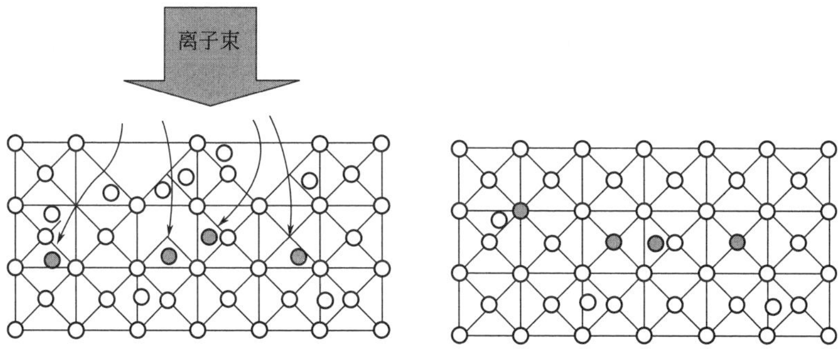

(a) 离子注入造成晶格损伤　(b) 退火后的晶格结构

图 3.33　退火前后的比较

退火的温度应低于扩散掺杂时的温度，以防止横向扩散。通常炉管中的退火在 600～1000℃之间的氢环境中进行。退火的方法有热退火、激光退火和电子束退火等。

热退火过程中，由于离子注入形成的稳定缺陷群，可以在热处理时分解成点缺陷和结构简单的缺陷，在热处理温度下，能以较高的迁移率在晶体中移动，逐渐消除，或被原来晶体中的位错、杂质或表面所吸收，从而使损伤消除，晶格完整性得以恢复。一般说来，按这种方式恢复晶格时，需要的退火温度较低，通常只需要在 600～650℃退火 20 分钟即可。但如果注入的剂量不大，则退火温度应提高，例如提高到 850℃以上。为了使注入层的损伤得到充分消除，也可以把退火温度提高到 950℃或 1000℃以上，退火时间增加到数个小时。热退火能够满足一般的要求，但也存在较大的缺点：一是热退火消除缺陷不完全，实验发现，即使将退火温度提高到 1100℃，仍然能观察到大量的残余缺陷；二是许多注入杂质的电激活率不够高。

激光退火是用功率密度很高的激光束照射半导体表面，使其中的离子注入层在极短的时间内达到很高的温度，从而实现消除损伤的目的。激光退火时整个加热过程进行得非常快速，加热仅仅限于表面层，因而能减少某些副作用。激光退火目前有脉冲激光退火和连续激光退火两种。

电子束退火是用电子束照射半导体表面，其退火机理一般认为与脉冲激光退火一样，也是液相外延再生长过程。它与激光退火相比，束斑均匀性较好，能量转换效率可达到50%，这比激光退火的1%高得多。

Chapter 4

第4章 集成电路封装

集成电路制造完成之后要进行集成电路封装，主要工艺包括减薄、贴膜切割、粘片固化、互连、塑封固化、切筋、打弯、引线电镀、打码、测试及包装。

4.1 封装工艺

1）减薄

减薄是将测试好的晶圆的背面研磨，使其达到一个合适的厚度。通常减薄后，晶圆的厚度会达到 8～20mil（1mil＝25.4μm）。在减薄之前，通常会将晶圆清洗，然后在正面贴上保护膜，以防止在研磨过程中对晶圆造成污染或者机械的损伤。晶圆被放进研磨机，在研磨的过程中，需要持续地注入去离子水。去离子水的作用主要有：一是及时地清洗掉研磨产生的硅粉；二是冷却降温，因为研磨过程中晶圆会发热；三是去除研磨过程中产生的静电。

2）贴膜切割

晶圆贴膜切割是将减薄后晶圆上的，通过集成电路制造过程做好的，一个个连在一起的晶粒切割分开成单个晶粒。切割分开后的单个晶粒，称为芯片。在切割之前要先将晶圆贴在晶圆框架的胶膜上，胶膜具有固定晶粒的作用，避免在切割时晶粒受力不平均而造成切割品质不良，同时切割完成后可确保在运送过程中晶粒不会脱落或相互碰撞。晶圆切割主要是利用刀具，配合高速旋转的主轴电动机，加上精密的视觉定位系统，进行切割工作。

3）粘片固化

粘片固化是将芯片通过黏结剂固定在引线框架上指定位置，便于后续的互连。

粘片最常用的方法是使用聚合物黏结剂粘贴到金属框架上，然后自动拾片机用机械手将芯片精确地放置到芯片焊盘的黏结剂上面。常用的聚合物黏结剂是环氧基黏结剂，以 Ag（颗粒或薄片）或 Al_2O_3

作为填充料，填充量一般为75%～80%，其目的是改善黏结剂的导热性，因为在封装后，电路运行过程中产生的绝大部分热量，将通过黏结剂再到金属框架这一渠道散发出去。

粘片后聚合物黏结剂需要在一定条件下进行固化处理，环氧基黏结剂的固化条件一般是150℃下为1h。

4）互连

互连是将芯片的焊区与封装的外引脚间连接起来，集成电路封装常见的连接方法有引线键合、载带自动焊与倒装芯片三种，下面一节将对这三种互连方法进行详细论述。

5）塑封固化

塑封固化是通过环氧树脂等塑封料将互连好的芯片包封起来。塑料封装的成型技术有许多种，包括转移成型技术、喷射成型技术、预成型技术等，但最主要的成型技术是转移成型技术。转移成型使用的材料一般为热固性聚合物。所谓的热固性聚合物是指在低温时，聚合物是塑性的或流动的，但当将其加热到一定温度时，即发生交联反应，形成刚性固体。再将其加热时，只能变软而不可能熔化、流动。在塑料封装中使用的典型成型技术的工艺过程如下：将已贴装好芯片并完成引线键合的框架带置于模具中，将塑封料的预成型块在预热炉中加热（预热温度在90～95℃），然后放进转移成型机的转移罐中。在转移成型活塞的压力之下，塑封料被挤压到浇道中，并经过浇口注入模腔（在整个过程中，模具温度保持在170～175℃）。塑封料在模具中快速固化，经过一段时间的保压，使得模块达到一定的硬度，然后用顶杆顶出模块，成型过程就完成了。

对于大多数塑封料来说，在模具中保压几分钟后，模块的硬度足可以达到允许顶出，但是聚合物的固化并未全部完成。由于材料的聚合度（固化程度）会影响材料的玻璃化转变温度及热应力，所以，促使材料全部固化，以达到一个稳定的状态，这对于提高器件可靠性是十分重要的。固化就是为了提高塑封料的聚合度而必须采取的工艺步骤，一般后固化条件为：170～175℃情况下2～4h。

6）切筋打弯

切筋是指切除框架外引脚之间的堤坝，以及在框架带上连在一起的地方；打弯则是将引脚弯成一定的形状，以适合电子组装的需要。

7）引线电镀

引线电镀是在框架引脚上制作保护性镀层，以增加其抗蚀性，并增加其可焊性。电镀目前都是在流水线式的电镀槽中进行，包括首先进行清洗，然后在不同浓度的电镀槽中进行电镀，最后冲淋、吹干，然后放入烘箱中烘干。

8）打码

打码是在元器件的顶表面印上去不掉的、字迹清楚的字母和标识，包括制造商的信息、国家、器件代码等，主要是为了识别并可跟踪。打码最常用的是印码方法，包括油墨印码和激光印码两种。油墨通常是高分子化合物，常常是基于环氧或酚醛的聚合物，需要进行热固化，或使用紫外光固化。使用油墨打码，对模块表面要求比较高，若模块表面有沾污现象，油墨就不易印制，另外油墨比较容易被擦去。激光印码是利用激光技术在模块表面刻写标识。激光源常常是 CO_2 或 Nd:YAG。与油墨印码相比，激光印码最大的优点是不易被擦去，而且，它也不涉及油墨的质量问题，对模块表面的要求相对较低，不需要后固化工序。激光印码的缺点是它的字迹较淡，不如油墨打码那样明显。当然，可以通过对塑封料着色剂的改进来解决这个问题。在目前的封装工艺中，越来越多的制造商选择使用激光打码技术，尤其是在高性能产品中。

9）测试

在完成打码工序后，所有的元器件都要进行测试。这些测试包括老化试验、加速试验及电性能测试。老化试验是对封装好的元器件进行可靠性测试，它的主要目的是为了检出早期失效的元器件，在该时期失效的元器件一般是在集成电路制造中产生的缺陷。在老化试验中，电路插在电路板上，加上偏压，并放置在高温炉中。老化试验的温度、电压负载和时间都因元器件的不同而不同，同一种元器件，不同的供应商也可能使用不同的条件。但比较通用的条件是在125～150℃温度下，通电电压一般高出元器件工作电压20%～40%，通电测试24～48h。除了的老化试验外，常用加速试验使器件在较短的时间里失效，并进行失效机理分析，以便尽快找到失效原因，改进设计或工艺条件，提高元器件的寿命和可靠性。加速试验是可靠性测试中的一种，一般选择一个或几个可能引起元器件失效的加速因子，如潮气、温度、溶剂、润滑剂、沾污、一般的环境应力和剩余应力等，模拟元器件在实际使用过程中可能遇到的使用环境。

10）包装

元器件的包装形式必须适应后续的表面组装工艺的要求，要求不需要做调整就能够应用到自动贴片机上，包装形式会直接影响表面组装的效率，常见的包装形式主要有编带包装、托盘包装和管式包装。

4.2 互连

在集成电路封装中，芯片和引线框架（基板）的互连接为电源和信号提供了电路连接。有三种方式可以实现内部连接：引线键合、载带自动焊和倒装焊。

4.2.1 引线键合

4.2.1.1 引线键合机理及方式

引线键合就是用细金属线把芯片上焊盘和引线框架（基板）连接

起来的过程。引线键合方式的芯片互连如图 4.1 所示。

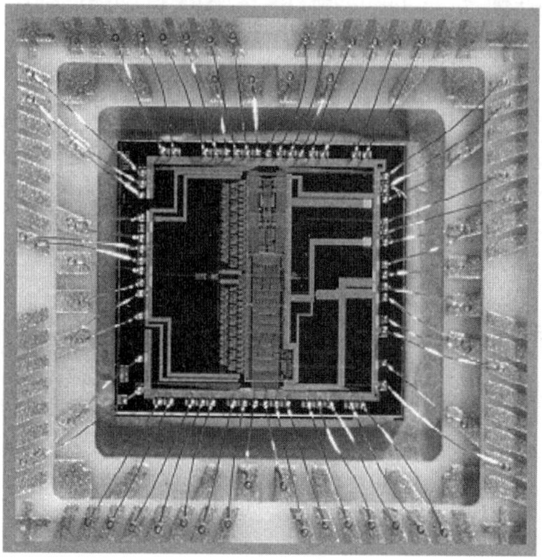

图 4.1　引线键合方式的芯片互连

集成电路封装中采用引线键合的过程为：芯片先固定于金属导线架上，再以引线键合工艺将细金属线依序与芯片及导线架完成接合。引线键合焊的原理是采用加热、加压和超声等方式，破坏被焊表面的氧化层和污染，产生塑性变形，使得引线与被焊面亲密接触，达到原子间的引力范围，并导致界面间原子扩散而形成焊合点。常用的引线键合方式有三种：热压键合、超声键合和热声键合。引线键合工艺中所用细金属线主要有金丝、铜丝和铝丝。引线键合工艺有球形键合与楔形键合两种工艺。

1）热压键合

热压键合简称热压焊，是利用加压和加热，使得细金属线与焊区接触面的原子间达到原子的引力范围，从而达到键合目的，常用于金丝的键合。热压键合焊接压力一般为 50～150g/点，压焊时芯片与压焊头均要加热至约 150℃，而通常芯片加热至 300℃以上，容易使焊丝和焊区形成氧化层，同时由于芯片加热温度高，压焊时间一长，容易损害芯片，也容易在高温下形成特殊的金属间化合物，影响焊点的可靠性。由于热压键合焊使金属丝的变形过大而受损，焊点的拉开力过小，一般 5g/点以下，因此热压键合使用得越来越少。

2）超声键合

超声键合简称超声焊，是利用超声波（60～120kHz）发生器使劈刀发生水平弹性振动，同时施加向下的压力，使得劈刀在这两种力作用下带动引线在焊区金属表面迅速摩擦，引线受能量作用发生塑性变形，在 25ms 内与键合区紧密接触而完成焊接，常用于 Al 丝的键合，键合点两端都是楔形。与热压键合焊相比，由于超声键合焊能充分去除焊接界面的金属氧化层，可以提高焊接质量，焊接强度也高于热压焊，可达 10g/点以上。超声键合焊不需要加热，可在常温下进行，因此对芯片的损伤小，同时可以根据需要调整超声键合能量，改变键合条件来焊接不同直径的焊丝。

3）热声键合

热声键合简称热声焊，主要用于金丝和铜丝的键合。它也采用超声波能量，但是与超声键合焊不同点的是，键合时要提供外加热源，键合丝线无需磨蚀掉表面氧化层。外加热量的目的是激活材料的能级，促进两种金属的有效连接，以及金属间化合物的扩散和生长。热声键合广泛用于各类集成电路的焊接中。焊接时衬底仍需要加热，一般为 100℃，压焊时加超声，因此加热温度远低于热压焊，所加的压力一般为 50g/点，与热压焊相当。

4.2.1.2 键合材料

引线键合使用的细金属丝多是直径为数十微米至数百微米的金丝、铝丝和铜丝等。

1）金丝

金丝是指纯度为 99.99%，线径为 18～50μm 的高纯金合金丝。通常采用球焊-楔焊方式键合，并常用于塑料树脂封装。键合金丝直径一般为 20～50μm。由于大部分使用在高速自动键合机上，最高速焊机每秒可完成7～10根键合线。因此要求金丝具有均匀稳定的机械性能和良好的键合性能。为适应自动化规模生产，要求每轴丝的长度在300m、500m或1000m。

键合金丝按用途及性能分为普通金丝（Y）、高速金丝（GS）、高温高速金丝（GW）和特殊用途金丝（TS）。当金丝的延伸率一定的时候，高速键合机用金丝与手动键合机用金丝的室温强度是不一样的，按其大小顺序为GW型最大，Y型最小；金丝的实际使用温度一般为250～350℃，高温强度还是GW型的金丝最大，Y型最小。延伸率则是Y型丝最大，GW型最小。高速键合机一般使用强度较大的GW和GS型金丝，Y型丝则主要用于手动键合机。

2）铝丝

纯铝太软而难拉成丝，一般加入1%Si或者1%Mg以提高其强度。铝丝具有良好的导电导热能力和抗蚀性，易于与集成电路芯片的铝金属化布线形成良好的键合，并且很稳定，也易于拉制成细丝，且价格比金丝便宜得多。在高可靠集成电路中，键合用引线材料多为铝丝，目前其键合方式一般采用超声楔焊-楔焊键。

3）铜丝

为了降低封装成本，人们一直在寻找一种较便宜的材料代替昂贵的金丝材料。经过新工艺如EFO（电子灭火）、OP2（抗氧化工艺）及MRP（降低模量工艺）的改进后，铜丝键合比金丝键合更牢固、更稳定。尤其是在大批量的高引出线、细间距、小焊区的集成电路封装工艺中，铜丝成为替代金丝的最佳键合材料。

4.2.1.3 引线键合工艺

1）球形键合工艺

球形键合工艺过程如图4.2所示。将键合引线垂直插入毛细管劈刀的工具中，引线在电火花作用下受热熔成液态，由于表面张力的作用而形成球状，在视觉系统和精密控制下，劈刀下降使球接触芯片的键合区，对球加压，使球和焊盘金属形成冶金结合完成焊接过程，然后劈刀提起，沿着预定的轨道移动，称为弧形走线，到达第二个键合点（焊盘）时，利用压力和超声能量形成月牙式焊点，劈刀垂直运动截断金属丝的尾部。这样就完成了两次焊接和一个弧线循环。

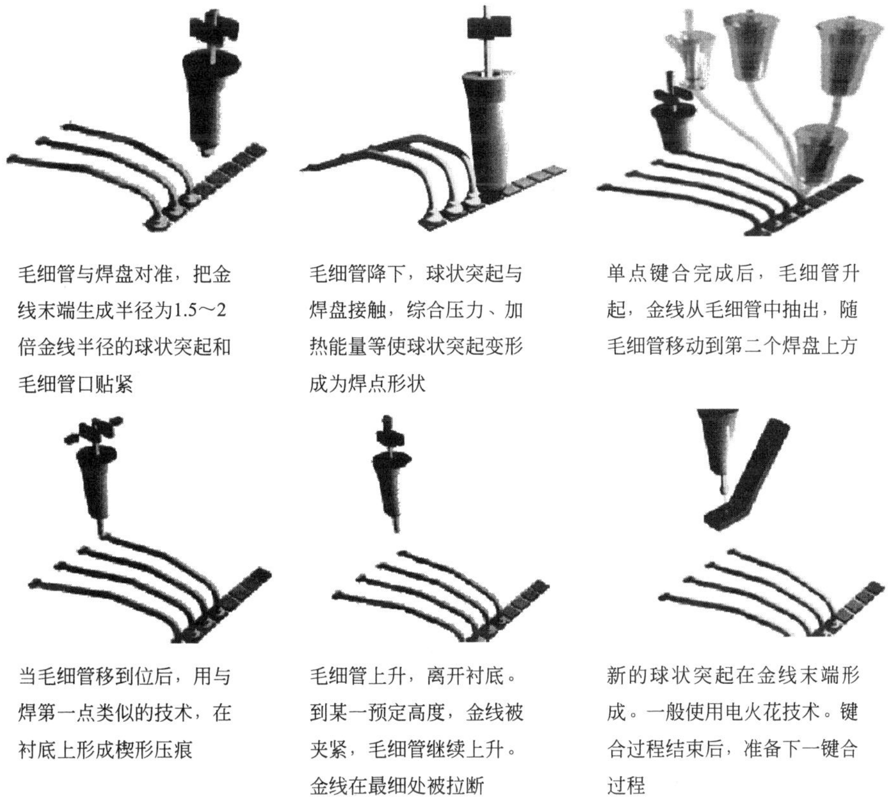

图 4.2　球形键合工艺过程

球形键合接头形状如图 4.3 所示。

2）楔形键合工艺

楔形键合工艺过程如图 4.4 所示。将细金属丝穿入楔形劈刀背面的一个小孔，金属丝与芯片键合区的 X-Y 平面呈 30°～60°角。当楔形劈刀下降到焊盘键合区时，劈刀将金属丝压在焊区表面，采用超声或热声焊实现第一点的键合焊，随后劈刀抬起并沿着劈刀背面的孔对

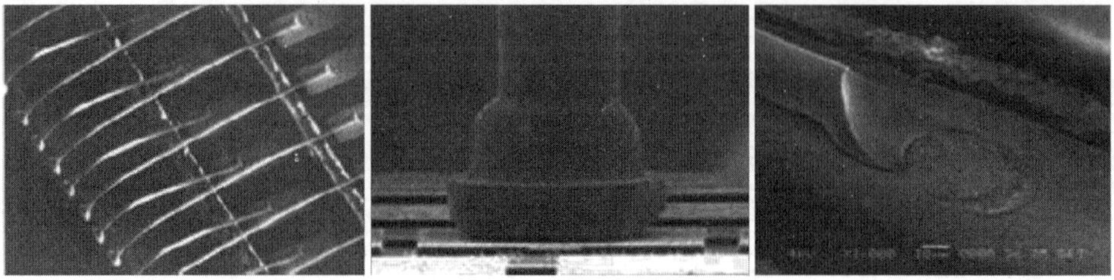

球形键合　　第一键合点　　第二键合点

图 4.3　球形键合接头形状

应的方向按预定的轨道移动，到达第二个键合点（焊盘）时，利用压力和超声能量形成第二个键合焊点，劈刀垂直运动截断金属丝的尾部。这样完成两次焊接和一个弧线循环。

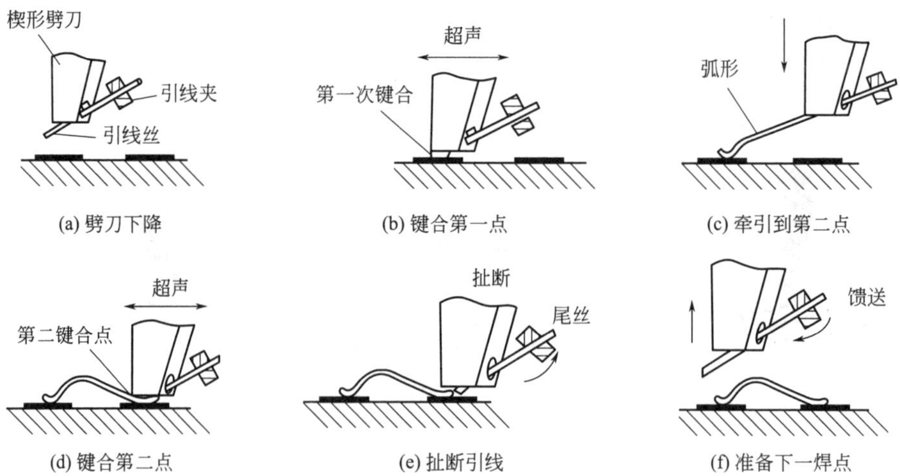

图 4.4　楔形键合工艺过程

楔形键合接头形状如图 4.5 所示。

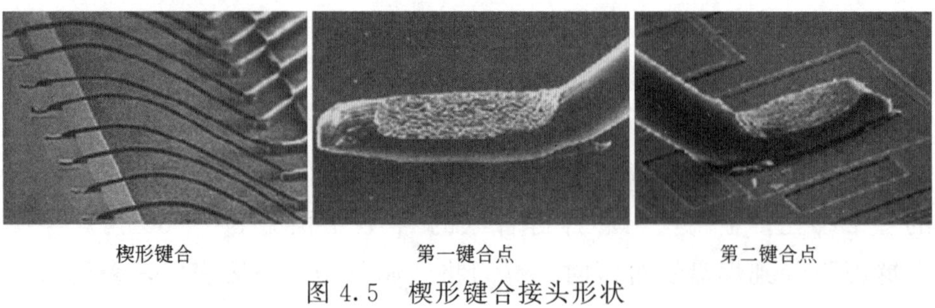

楔形键合　　第一键合点　　第二键合点

图 4.5　楔形键合接头形状

4.2.2 载带自动焊

载带自动焊是一种基于将芯片组装在金属化柔性高分子载带上的集成电路封装技术。它的工艺主要是先在芯片上形成凸点，将芯片上的凸点同载带上的焊点通过引线压焊机自动地键合在一起，然后对芯片进行密封保护。载带既作为芯片的支撑体，又作为芯片同周围电路的连接引线。这种载带是一种金属化膜片，形状类似于电影胶片，两边有走带齿孔，大多采用聚酰亚胺材料制作，厚度为 0.076～0.128mm，载带宽度为 8～70mm。载带如图 4.6 所示。

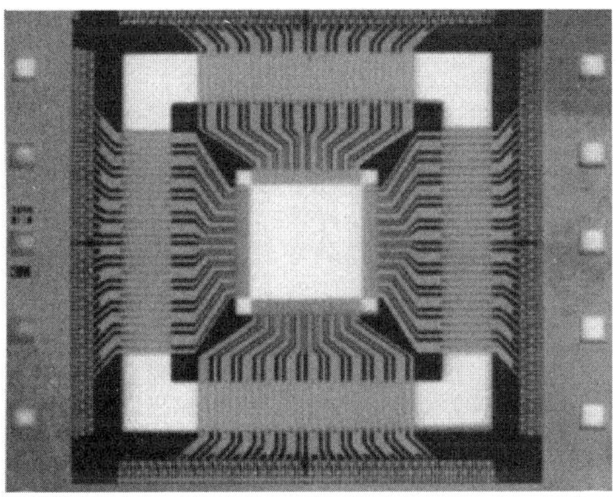

图 4.6　载带

采用载带自动焊进行集成电路芯片封装有以下特点。

(1) 可形成具有超薄、极小外形尺寸器件，其厚度可做到 0.4mm，同时它有良好的韧性，使用 TAB 技术封装的器件在基板上所占面积为传统封装器件的 10.6%。

(2) 可实现高密度输入输出（I/O）引脚。

(3) 提高器件的电性能。由于其平面封装的特点，使引线距离缩短，同时采用了扁平矩形截面引线代替传统的圆形引线，使线间电容和寄生电感大为减少。采用圆形引线键合内引线的塑封高速 VLSI 器件，当工作频率大于 50MHz 时，引线电感和线间电容的影响很大，不可忽略，而对相同功能的 TAB 封装器件实测表明，频率大于

150MHz 时仍能很好工作。因此它非常适用于高频电路，以及高速计算机系统。

（4）提高导热性能，增加器件的散热性能。

（5）载带上器件可用链式传送，更适合自动化组装。其检测过程也可连续自动地进行，便于早期剔除失效器件，从而节省了组装材料，提高组装效率，使整机成本大幅降低。

载带自动焊如图 4.7 所示，通常采用热压焊的方法。其焊接工具是由硬质金属或钻石制成的热电极，这个过程在 300～400℃ 的温度下，需要大约 1 秒的时间。

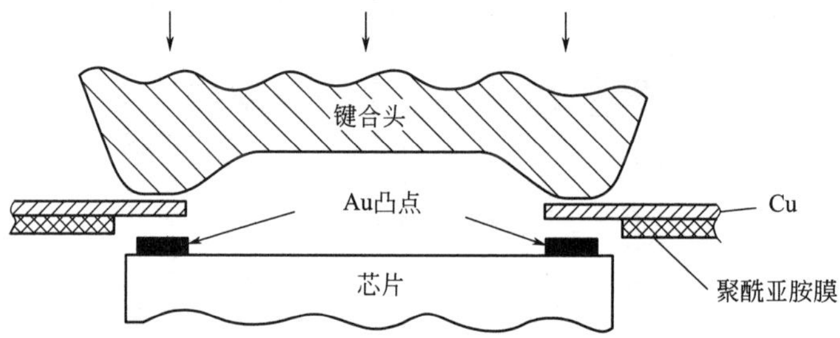

图 4.7　载带自动焊示意图

载带自动焊的工艺过程如图 4.8 所示。

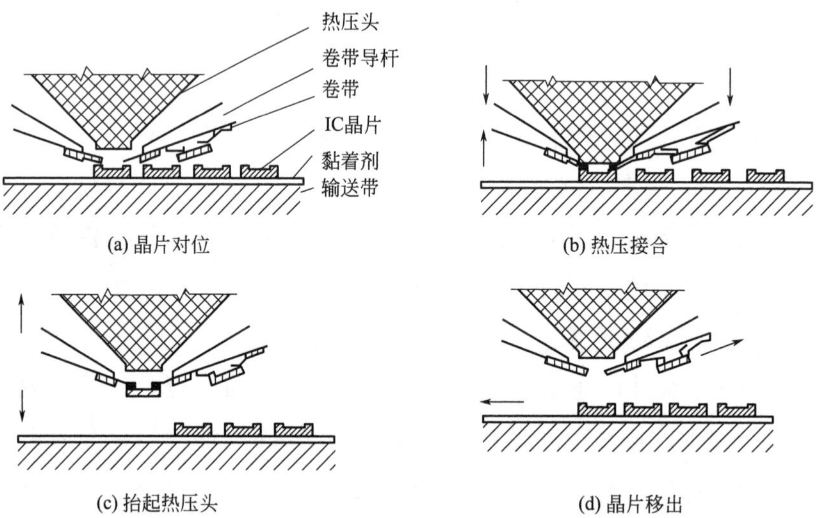

图 4.8　载带自动焊的工艺过程

(1) 晶片对位：按设计的焊接程序，将芯片置于卷绕在两个链齿轮上的载带引线图形下面，急需载带引线图样对芯片凸点进行精密对位。

(2) 热压接合：落下加热的热压焊头，加压一定时间。

(3) 抬起热压头：焊机将压焊到载带上的 IC 通过链齿步进卷绕到卷轴上，同时下一个载带图样也步进到焊接对位位置。

(4) 晶片移出：焊接结束后将晶片移出。

卷带上引脚与芯片键合完成后，芯片与内引脚的接合面或整个芯片必须再涂饰一层高分子胶保护引脚、凸块与芯片，以避免外界的压力、震动、水汽渗透等因素造成的破坏。环氧树脂与硅树脂是载带自动焊制程最常使用的封胶材料。包封形式主要有表面涂覆、全包封和传递膜封三种，具体如图 4.9 所示。

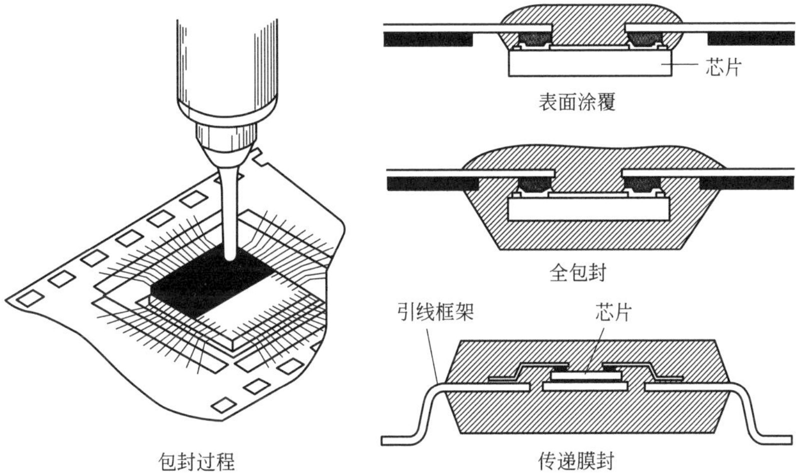

图 4.9　载带自动焊包封过程及形式

4.2.3　倒装焊

倒装焊就是把面朝下的芯片用焊料和基板互连在一起，形成稳定可靠的机械、电气连接。倒装焊的工艺方法主要有：热压倒装焊、再流倒装焊、环氧树脂光固化倒装焊、各向异性导电胶倒装焊。

1）热压倒装焊

热压倒装焊如图 4.10 所示，使用倒装焊机对硬凸点，如 Au 凸点、Ni/Au 凸点、Cu 凸点、Cu/Pb/Sn 凸点等进行倒装焊。热压倒装焊的工作原理是：在一定的压力和温度下，对芯片的凸点施加超声波能量，在一定的时间内凸点与基板焊盘产生结合力，从而实现芯片与凸点的互连。热超声方法的凸点界面结合是一个摩擦过程，首先是界面接触和预变形，即在一定给定压力下，凸点与基板接触并在一定程度上被压扁和变形；然后是超声作用，先除去凸点表面的氧化物和污染层，再使温度剧烈上升，凸点发生变形，凸点与基板焊盘的原子相互渗透直到处于一定范围之内。

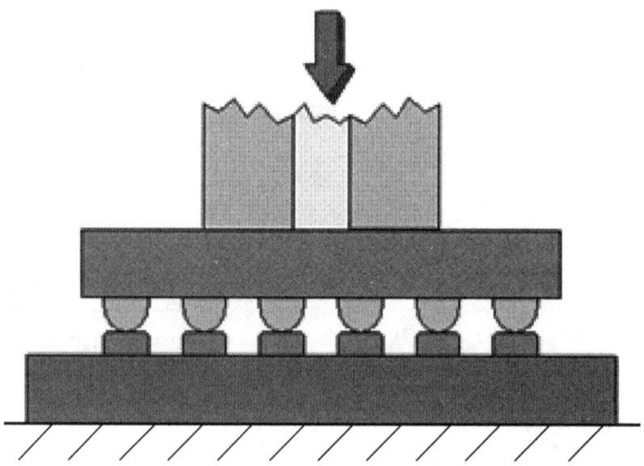

图 4.10　热压倒装焊示意图

2）再流倒装焊

再流倒装焊专对锡铅焊料凸点进行再流焊接，如图 4.11 所示。再流倒装焊的工艺包括印制焊膏、芯片贴装、再流焊。

3）环氧树脂光固化倒装焊

环氧树脂光固化倒装焊是利用光敏树脂光固化时产生的收缩力，将凸点与基板上金属焊区牢固地互连在一起。其工艺步骤如图 4.12 所示，在基板上涂光敏树脂，芯片凸点与基板金属焊区对位贴装，加

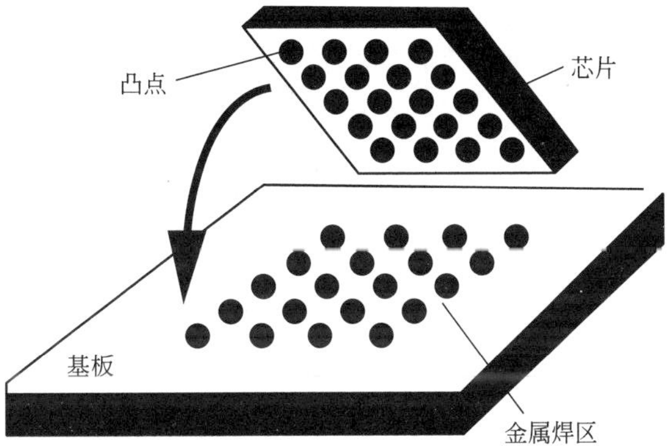

图 4.11 再流倒装焊

压的同时用紫外光固化，最终完成倒装焊。光固化的树脂为丙烯基系，UV 的光强为 500mW/cm^2，光照固化时间为 3～5s，芯片上的压力为 1～5g/凸点。光固化后的收缩应力能使凸点与基板的金属电极形成牢固的机械接触。

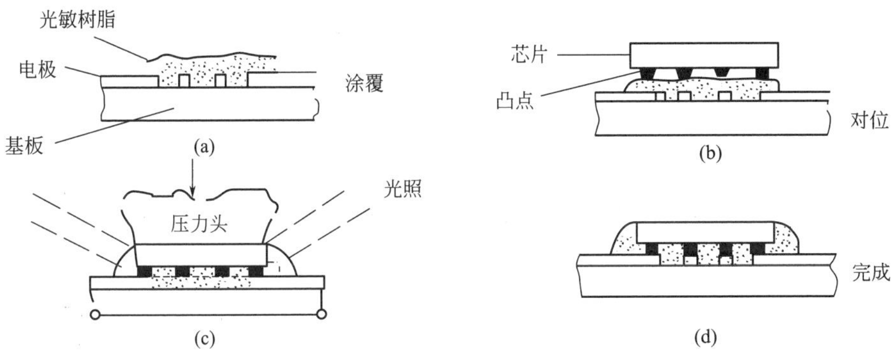

图 4.12 环氧树脂光固化倒装焊

4）各向异性导电胶倒装焊

各向异性导电胶倒装焊如图 4.13 所示，各向异性导电胶在一个方向上导电，而在另外两个方向上是绝缘的。各向异性导电胶倒装焊是将各向异性导电胶直接施加于键合区，芯片放在上面，由于垂直方向上的导电性，芯片与基板之间能发生电气连接，但该材料不会使相邻的连接点短路。

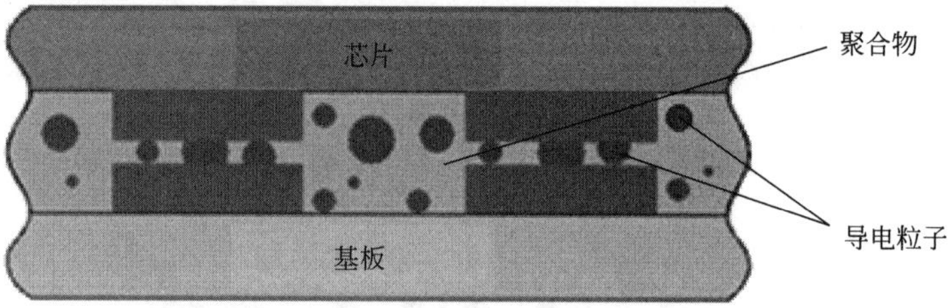

图 4.13　各向异性导电胶倒装焊

4.3 集成电路封装形式

集成电路封装的基本类型约每 15 年变更一次，封装形式大致经过了如下发展进程：SIP→DIP→PGA→QFP→BGA→CSP。在封装材料方面，使用的包装材料包括金属、陶瓷、塑料等。金属封装优点是气密性好，不受外界环境因素的影响；缺点是价格昂贵，外形灵活性小，因此金属封装所占的市场份额已越来越小，少量产品用于特殊性能要求的军事或航空航天技术中。陶瓷封装气密性较好，价格低于金属封装，可实现优良的可靠度，并具有对复杂的器件进行一体化封装的能力，占据了约 10%左右的封装市场。塑料封装已占据了约 90%的封装市场份额，塑料封装最大的优点是价格便宜，其性能价格比十分优越。在引脚形状方面，从长引线直插，发展到短引线或无引线贴装，再到球状凸点。装配方式也从通孔插装，发展到表面组装及直接安装。

4.3.1 插装元器件的封装形式

尽管近年来插装元器件的封装只占到了所有封装的不到 8%，但插装元器件与表面贴装元器件在同一块电路板上的形式，仍然要延用相当长的时间。插装元器件按外形结构分类有单列直插式封装

（SIP）、双列直插式封装（DIP）和针栅阵列封装（PGA）等。

1）SIP 封装

单列直插式封装（SIP）引脚从封装体一个侧面引出，排列成一条直线，外形结构如图 4.14 所示。引脚中心距通常为 2.54mm，引脚数从 2 个至 23 个不等。

2）DIP 封装

双列直插式封装（DIP）引脚从封装体两侧引出，外形结构如图 4.15 所示。引脚中心距通常为 2.54mm 和 1.78mm，引脚数从 4 个到 64 个不等，封装宽度通常为 7.52mm、10.16mm 和 15.2mm。

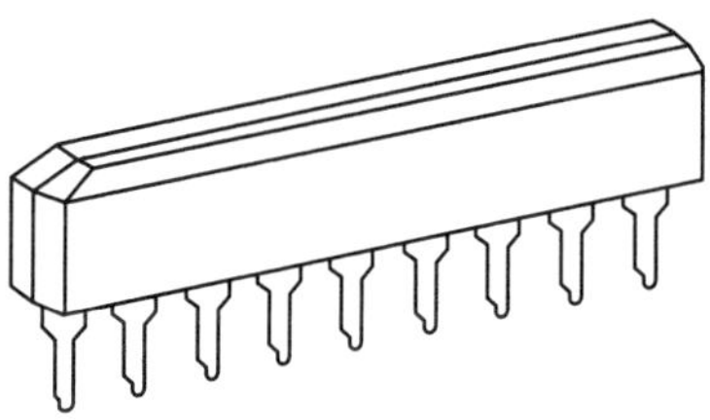

图 4.14　SIP 封装

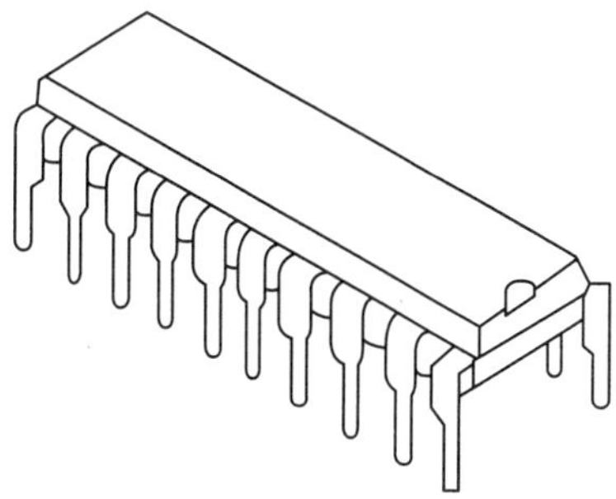

图 4.15　DIP 封装

3）PGA 封装

针栅阵列封装（PGA）底面上插针式的垂直引脚呈陈列状排列，外形结构如图 4.16 所示。引脚中心距通常为 1.27mm 和 2.54mm，引脚数为 64～447 个，根据引脚数目的多少，插针引脚可以围成 2～5 圈。

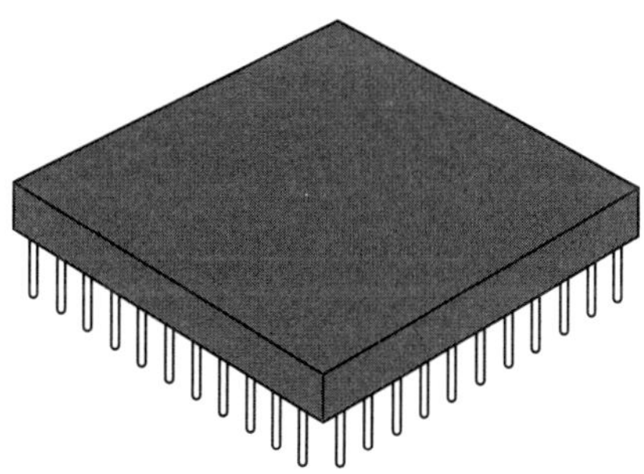

图 4.16　PGA 封装

4.3.2 表面贴装元器件的封装形式

1）SOP 封装

小外形封装（SOP）相当于 DIP 的变形，即将 DIP 的直插式引脚打弯 90°，就成了适合表面贴装的封装形式了，只是外形尺寸和重量比 DIP 小得多。这类封装结构的引脚有两种形式：一种是翼形引脚，称为 SOP，如图 4.17 所示，引脚间距为 1.27mm；另一种是 J 形的引脚，引脚在封装的下面，称为 SOJ，如图 4.18 所示，引脚间距为 1.27mm。

图 4.17　SOP 封装

图 4.18　SOJ 封装

SOP 又分为缩小外形封装（SSOP）、薄小外形封装（TSOP）和薄的缩小外形封装（TSSOP）。SSOP 是缩小的 SOP，引脚是密脚的，引脚间距为 0.635mm（25mil）。TSOP 是薄体的 SOP，引脚间距是正常的，引脚间距为 1.27mm（50mil）。TSSOP 器件是薄体的缩小的 SOP，引脚是密脚的，引脚间距为 0.65mm（26mil）。

2）QFP 封装

方形扁平式封装（QFP）有矩形和方形之分，多数为方形，引脚位于四边上，引脚形状有翼形和 J 形，引脚中心距有 1.0mm、0.8mm、0.65mm、0.5mm、0.4mm、0.3mm 等多种，引脚数从 44 个到 160

个。外形结构如图 4.19 所示。J 形引脚的 QFP 又称 QFJ，也叫 PLCC。

图 4.19 QFP 封装

3）BGA 封装

球栅阵列封装（BGA）是在基板的背面按阵列方式制作出球形凸点引脚，在基板正面装配集成电路芯片，然后用模压树脂或灌封方法进行密封的封装形式，如图 4.20 所示。BGA 封装球形凸点引脚通常为锡铅合金，引脚中心距通常为 1.0m、1.27mm 和 1.5mm。

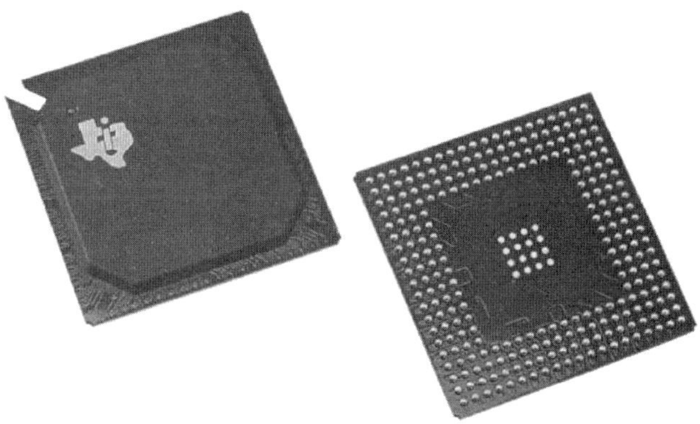

图 4.20 BGA 封装

BGA 封装根据球形凸点引脚的排布方式，可分为周边型、交错型和全阵列型，如图 4.21 所示。

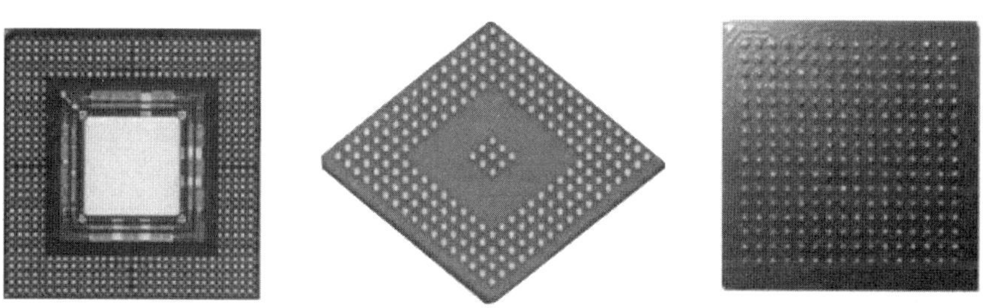

(a) 周边型　　(b) 交错型　　(c) 全阵列型

图 4.21 BGA 封装球形凸点引脚的排布方式

4.3.3 其他形式封装

1）CSP 封装

芯片尺寸封装（CSP）是封装后面积小于或等于芯片面积的“120%”的封装。由于许多 CSP 采用 BGA 的形式，所以最近两年封装界权威人士认为，焊球节距大于等于 1.0mm 的为 BGA，小于 1.0mm 的为 CSP，所以有人也将 CSP 称之为 μBGA（微型球栅阵列）。

2）多芯片组件

多芯片组件（MCM）是将多个集成电路芯片和其他片式元器件组装在一块高密度多层互连基板上，然后封装在同一壳体内，是电路组件功能实现系统级的基础，图 4.22 为 MCM 结构示意图。

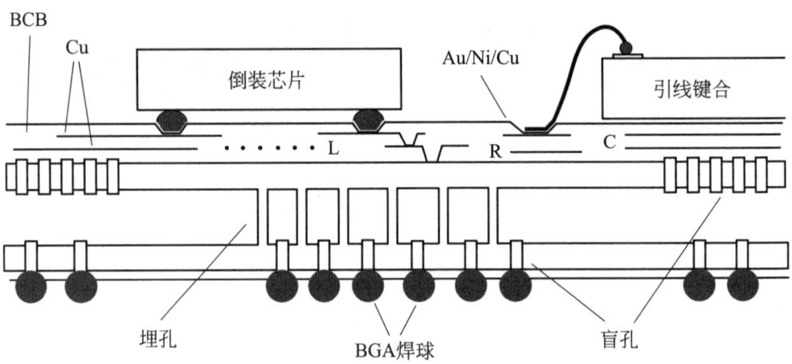

图 4.22 MCM 结构示意图

一般的封装都是面向器件的，而 MCM 可以说是面向部件的，或者说是面向系统或整机的。MCM 技术集印制线路板技术、混合集成电路技术、表面组装技术、半导体集成电路技术于一体，是典型的垂直集成技术。对集成电路器件来说，它是典型的柔性封装技术，是一种电路的集成。MCM 的出现使电子系统实现小型化、模块化、低功耗、高可靠性提供了更有效的技术保障。图 4.23 展示了采用 MCM

封装技术的 IBM Power5 处理器，可以清楚地看到它由八块芯片构成。

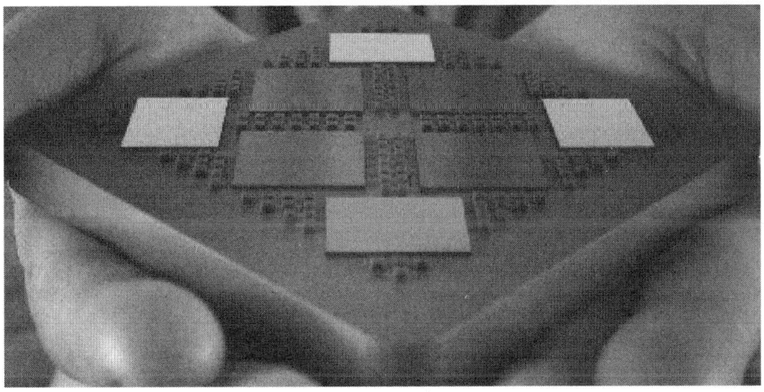

图 4.23 采用 MCM 封装技术的 IBM Power5 处理器

3）三维封装

在航空、航天、计算机等领域，由于电子整机和系统对小型化、轻型化、薄型化等高密度组装要求的不断提高，在 MCM 的基础上，对于有限的面积，电子组装必然在二维组装的基础上向 Z 方向发展，这就是所谓的三维封装技术，是实现系统组装的有效手段，实现三维封装主要有 2 种形式。

（1）埋置型，即将元器件埋置在基板多层布线内，或埋置、制作在基板内部。电阻和电容一般可随多层布线用厚、薄膜法埋置于多层基板中，而集成电路芯片一般要紧贴基板，还可以在基板上先开槽，将集成电路芯片嵌入，用环氧树脂固定后与基板平面平齐，然后实施多层布线，最上层再安装集成电路芯片，从而实现三维封装。

（2）叠层型，即在二维封装的基础上，把多个裸芯片或封装芯片进行叠层互连，构成立体封装，这种结构称为叠层型三维封装。如图 4.24 和图 4.25 所示分别是裸芯片叠层的三维封装和封装芯片叠层的三维封装结构。

如图 4.26 所示，集成电路芯片封装向多引脚、轻重量、小尺寸、高速度的方向发展。

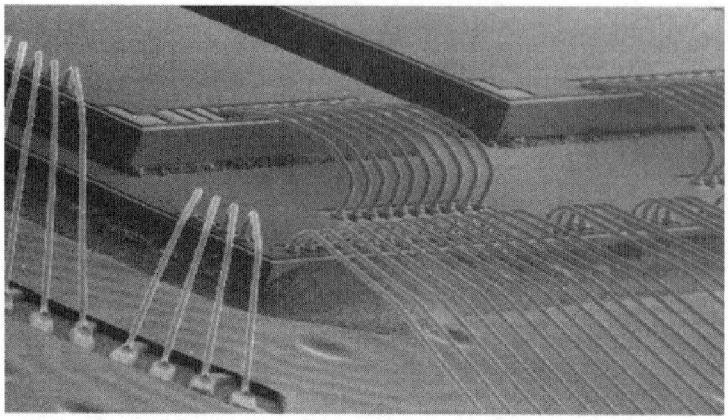

图 4.24　裸芯片叠层的三维封装

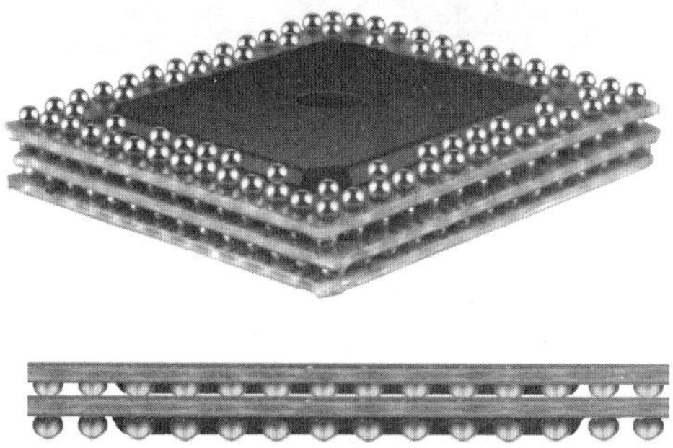

图 4.25　封装芯片叠层的三维封装

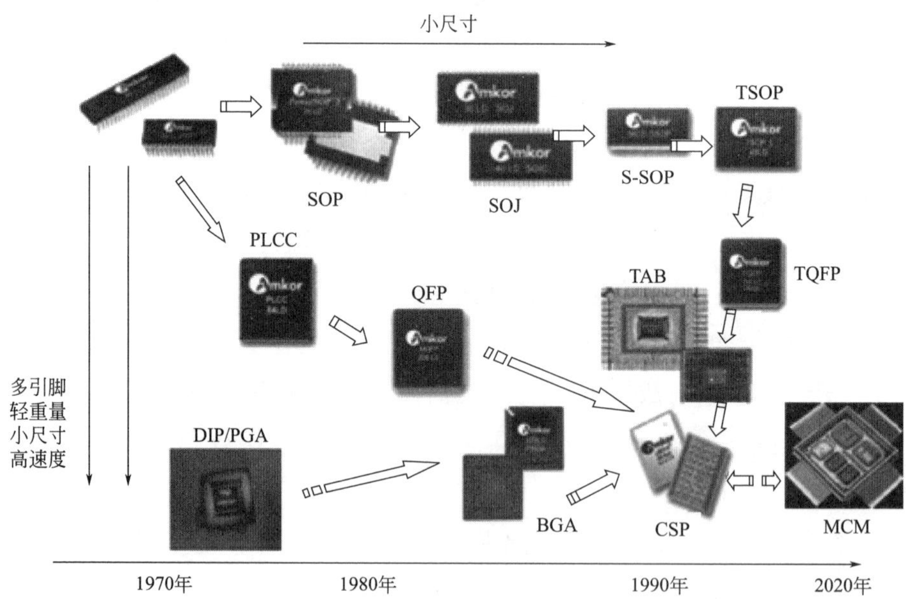

图 4.26　集成电路芯片封装发展方向

Chapter 5

第5章 表面组装

表面组装技术（SMT）也叫做表面贴装技术，目前较先进的电子产品制造已普遍采用表面组装技术。

5.1 表面组装生产物料

5.1.1 表面组装元器件及印制电路板

5.1.1.1 表面组装元器件

1）表面组装元器件封装形式

电子产品的微型化促进了表面组装元器件向微型化发展，几乎所有的元器件和机电元件的封装形式都实现了片式化。片式的表面组装元器件主要分为片式无源元件和片式有源器件两大类。

（1）片式无源元件。片式无源元件主要包括片式电阻器、电容器和电感器等。

片式无源元件外形多数是微小的长方体，以片式电阻器为例，其外形及结构如图 5.1 所示。为了保证电阻器具有良好的可焊性和可靠性，电极一般采用三层电极结构：内层电极、中间电极和外层电极。内层为银钯（Ag-Pd）合金，它与陶瓷基板有良好的结合力。中间为镍层，是为了防止在焊接期间银层的浸析。最外层为端焊头，通常采用 Sn-Pb 合金、Ag 或 Ag-Pd 合金。基板材料一般采用 96％的三氧化二铝材料，基板除了应具有良好的电绝缘性外，还应在高温下具有优良的导热性、电性能和机械强度等特征，以充分保证电阻、电极浆料印制到位。电阻元件通常使用具有一定电阻率的电阻浆料印制在陶瓷基板上，再经过烧结形成厚膜电阻。电阻浆料一般用二氧化钌系材料，近年来开始采用比较便宜的金属系的电阻浆料，如氧化物系、碳化物系和铜系材料，以降低成本。玻璃钝化层一方面起机械保护作用；另一方面使电阻体表面具有绝缘性，避免电阻与邻近导体接触而产生故障。玻璃钝化层一般是由低熔点的玻璃浆料经印制烧结而成。

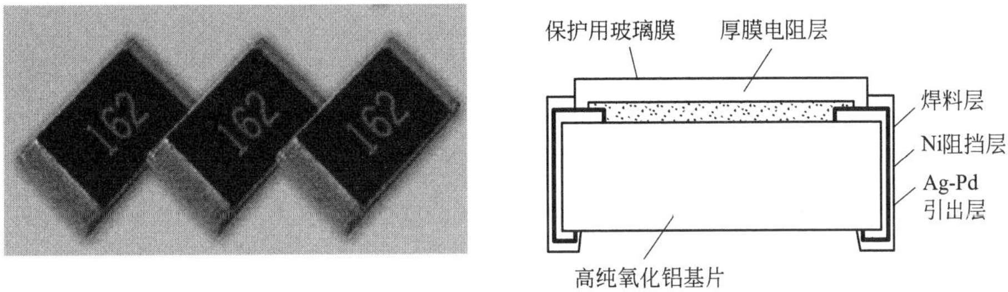

(a) 片式电阻器外形　　(b) 片式电阻器结构

图 5.1　片式电阻器外形及结构

片式电阻器正面通常是黑色，片式电容器正面通常是灰色，片式电感器的正面通常是深灰色。虽然通过颜色可以区分电容器、电阻器和电感器，但最直接的方法是使用万用表，分别测量其电阻值。片式无源元件根据其外形尺寸的大小可以划分成几个系列型号，现有两种表示方法，欧美产品大多采用英制系列，日本产品采用公制系列，我国则两种系列都在使用。例如，公制系列的 3216（英制 1206）的矩形贴片元件，长 $L=3.2$mm（0.126in，in 表示英寸），宽 $W=1.6$mm（0.063in）。系列型号的发展变化也反映了 SMC 元件的小型化过程：5750（2220）→4532（1812）→3225（1210）→3216（1206）→2520（1008）→2012（0805）→1608（0603）→1005（0402）→0603（0201）。SMC 的元件种类用型号加后缀的方法表示，例如 3216C 表示 3216 系列的电容器，而 2012R 表示 2012 系列的电阻器。

根据 IEC60063 标准“电阻器和电容器的优选值系列”的规定，电阻值允许偏差±10%，称为 E12 系列；电阻值允许偏差±5%，称为 E24 系列；电阻值允许偏差±1%，称为 E96 系列。

当片式电阻阻值精度为 5%时，通常在电阻器正面采用 3 个数字和字符表示精度及阻值。阻值小于 10Ω 的，在两个数字之间补加“R”；阻值在 10Ω 以上的，则最后一个数值表示增加的零的个数。例如，用 101 表示 100Ω，用 4R7 表示 4.7Ω，用 563 表示 56kΩ。如图 5.1(a) 所示，该电阻阻值为 1600Ω，精度为 5%。

当片式电阻阻值精度为 1%时，通常在电阻器正面采用 4 个数字和字符表示精度及阻值。前面 3 个数字为有效数，第 4 位表示增加的零的个数；阻值小于10Ω的，仍补加“R”；阻值为100Ω以上的，则在第4位补“0”。例如，用1000表示100Ω，用4R70表示4.70Ω，用1004表示1MΩ，用10R0表示10.0Ω。

（2）片式有源器件。片式有源器件主要分为分立器件和集成电路两类。分立器件主要包含二极管、三极管等，集成电路主要有SOP、QFP、BGA、CSP等封装形式。

用于表面贴装的二极管有两种封装形式：一种为矩形片式封装的二极管，如图5.2所示；另一种是SOT 23封装的二极管，外形如图5.3所示。

图5.2　矩形片式封装的二极管

图5.3　SOT 23封装的二极管

用于表面贴装的三极管有两种封装形式：一种为SOT 89封装三极管，如图5.4所示；另一种是SOT 143封装三极管，外形如图5.5所示。

图5.4　SOT 89封装三极管

图5.5　SOT 143封装三极管

用于表面贴装的集成电路的封装主要包括SOP、QFP、BGA、CSP等形式，在上一章已经介绍，在此不再赘述。

2）表面贴装元器件的包装

表面贴装元器件的包装形式主要有三种，即编带包装、管式包装和托盘包装。

编带包装是应用最广泛、时间最久、适应性强、贴装效率高的一种包装形式，并已标准化。除面积较大的QFP、PLCC等封装外，其余较小的元器件均采用这种包装方式。编带包装所用的编带主要有纸带、塑料袋和黏结式带3种。纸带主要用于包装片式电阻、电容；塑料袋和黏结式带用于包装各种片式无引脚组件、复合组件、异形组件、较小的SOP等片式组件。图5.6所示为编带包装料带盘及料带。

(a) 编带包装料带盘

(b) 料带

图5.6　编带包装料带盘及料带

管式包装主要用来包装矩形片式电阻、电容，以及某些异形和小型器件，主要用于SMT元器件品种很多且批量小的场合。包装时将元件按同一方向重叠排列后一次装入塑料管内（一般100～200只/管)，管两端用止动栓插入贴片机的供料器上，将贴装盒罩移开，然后按贴装程序，每压一次管就给基板提供一只片式元件，图5.7所示为管式包装。

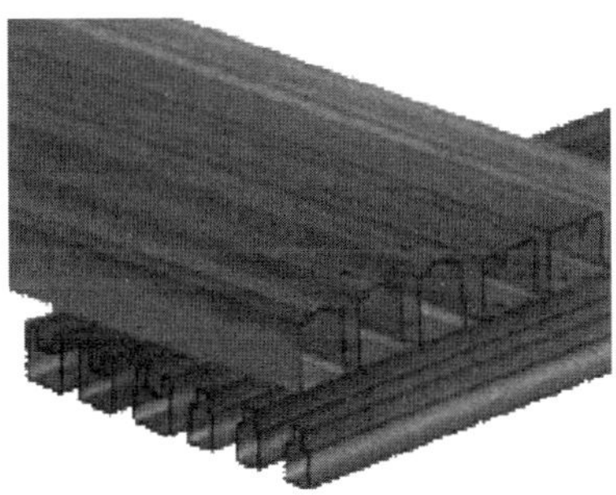

图5.7　管式包装

托盘包装是用矩形隔板使托盘按规定的空腔等分，再将器件逐一装入盘内，一般 50 只/盘，装好后盖上保护层薄膜。托盘有单层、三层、十层、十二层、二十四层，自动进料的托盘送料器，主要用于包装面积较大且引脚数较多的 SOP 和 QFP 等器件，托盘包装如图 5.8 所示。

(a) 装有实物的托盘　　(b) 空托盘

图 5.8　托盘包装

3）表面贴装元器件的保管

表面贴装器件一般有陶瓷封装、金属封装和塑料封装之分。前两种封装的气密性较好，不存在密封问题，器件能保存较长的时间，但对于塑料封装的产品，由于塑料自身的气密性较差，塑料制品有一定的吸湿性，因而塑料封装器件属于潮湿敏感器件。由于通常后续工艺还需要进行再流焊，是瞬时对整个元器件加热，焊接过程中的高热施加到已经吸湿的塑封壳体上时，所产生的热应力会使塑壳与引脚连接处发生裂缝，裂缝会引起壳体渗漏并受潮而慢慢地失效，还会使引脚松动从而造成早期失效，所以要特别注意塑料封装表面贴装元器件的防潮保管。

塑料封装的表面贴装元器件在存储和使用中应注意：库房室温应低于 40℃，相对湿度应小于 60％。塑料封装的表面贴装元器件出厂时，都被封装于带干燥剂的潮湿包装袋内，并注明其防潮湿有效期为一年，不用时不开封。开封时先观察包装袋内附带的湿度指示卡。如图 5.9 所示为三圈式湿度指示卡，当所有黑圈都显示蓝色时，说明是干燥的，可以放心使用；当所有的圈都变成粉红色时，即表示已严重吸湿，贴装前一定要对该包装袋中所有的塑料封装的表面贴装元器件进行驱湿烘干处理。

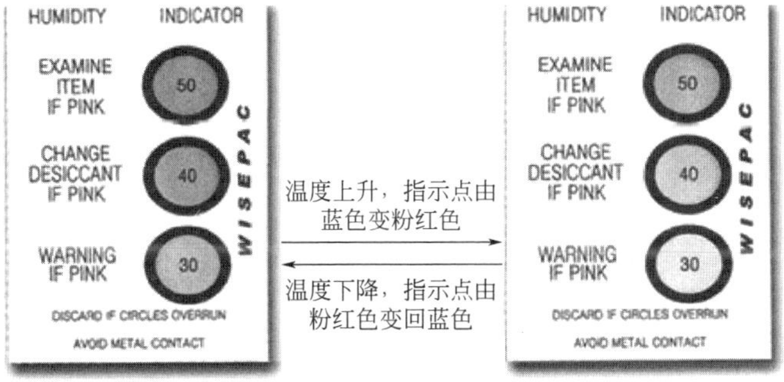

图 5.9 二圈式湿度指示卡

5.1.1.2 印制电路板

印制电路板（PCB）是制作电子产品的重要部件，PCB 不同的基材，其特点不同，应用范围不同，组装时焊接工艺也不同。

1）纸基覆铜板

纸基覆铜板是用浸渍纤维纸作为增强材料，浸以树脂溶液并经干燥加工后，覆以涂胶的电解铜箔，经高温、高压的压制成型加工所制成的覆铜板。纸基覆铜板的特点如下。

（1）纸基疏松，只能冲孔，不能钻孔；吸水性高；相对密度小。

（2）介电性能及力学性能不如环氧板。

（3）耐热性、力学性能与环氧玻璃纤维布覆铜板相比较低。

（4）成本低、价格便宜，一般在民用产品中被广泛使用。

（5）一般只适合制作单面板；在焊接过程中应注意温度调节，并注意 PCB 的干燥处理，防止因温度过高而使 PCB 出现起泡现象。

2）环氧玻璃纤维布覆铜板

环氧树脂或改性环氧树脂为黏合剂制作的玻璃纤维布覆铜板，是当前覆铜板中产量最大、使用最多的一类。环氧玻璃纤维布覆铜板的特点如下。

（1）可以冲孔和采用高速钻孔技术，通孔的孔壁光滑，金属化效果好。

（2）低吸水性，工作温度较高，本身性能受环境影响小。

（3）电气性能优良，力学性能好，尺寸稳定性、抗冲击性比纸基覆铜板要高。

（4）适合制作单面板、双面板和多层板。

（5）适合制作中、高档民用电子产品。

3）复合基覆铜板

复合基材印制板使用的基材是由不同增强材料构成的。复合基覆铜板在性能和制造成本上介于纸基覆铜板、环氧玻璃纤维布覆铜板两者之间。

4）金属基覆铜板

金属基覆铜板一般是由金属基板、绝缘介质层和导电层（一般为铜箔）三部分组成，即将表面经过处理的金属基板的一面或两面覆以绝缘介质层和铜箔，经热压复合而成。金属基覆铜板的特点如下。

（1）优异的散热性能。金属基覆铜箔板具有优良的散热性能，这是此类板材最突出的特点。用它制成的 PCB 可防止在 PCB 上装载的元器件及基板的工作温度上升，也可将电源功放元件、大功率元器件、大电路电源开关等元器件产生的热量迅速散发。

（2）良好的机械加工性能。金属基覆铜板具有高机械强度和韧性，因此可在金属基板上实现大面积的印制板的制造。质量较大的元器件可在此类基板上安装。另外，金属基板还具有良好的平整度，可在基板上进行敲锤、铆接等方面的组装加工。在其制成的 PCB 板上，非布线部分也可以进行折曲、扭曲等方面的机械加工。

（3）优异的尺寸稳定性。对于各种覆铜板来说，都存在着热膨胀（尺寸稳定性）问题，特别是板的厚度方向（Z 轴）的热膨胀，使金属化孔、线路的质量受到影响。而金属基板的线膨胀系数比一般的树脂类基板小得多，更接近于铜的线膨胀系数，这样有利于保证印制电路的质量和可靠性。

（4）电磁屏蔽性。金属基覆铜板具有电磁屏蔽性。为了保证电子电路的性能，电子产品中的一些元器件需防止电磁波的辐射、干扰，金属基板可充当屏蔽板，起到屏蔽电磁波的作用。

5）陶瓷印制板

陶瓷印制板就是用陶瓷材料做绝缘基材的印制板。这种印制板的特点是：散热性好，热导率大；尺寸稳定性好；耐热性好；机械强度高；高频特性好。

5.1.2 焊膏、贴片胶及清洗剂

5.1.2.1 焊膏

焊膏是由焊料粉末与糊状助焊剂组成的膏状混合物，通常合金焊料粉末比例占总重量的85%～90%，占总体积的50%左右。

1）焊料粉末

焊料粉末直径一般在15～70μm，焊料根据成分可分为锡铅焊料和无铅焊料两大类。

（1）锡铅焊料。锡铅焊料合金成分是锡铅质量比为63∶37，熔点为183℃。锡铅焊料合金具有低熔点、流动性好、表面张力小、润湿性好、焊点质量高、机械强度高、价格便宜等优点。

（2）无铅焊料。锡铅焊料是特别适合电子焊接的焊料，但是由于铅是对人体有毒的金属，因此提倡使用无铅焊料。无铅焊料是以锡为基础金属，添加了其他金属元素用于电子焊接的合金焊料。无铅焊料在性能上不如锡铅焊料，目前开发较为成功的无铅合金体系主要有如下几种。

① 锡锌系（Sn-Zn）。锡锌系焊料的熔点仅有199℃，是无铅焊料

中唯一与锡铅系焊料的共晶熔点相接近的，可以用在耐热性不好的元器件焊接上，并且成本较低。但是其缺点也很突出，由于锌的反应活性较强，在大气中使用表面会形成很厚的锌氧化膜，因此再流焊必须要在氮气下使用，或添加能溶解锌氧化膜的强活性焊剂，才能确保焊接质量；波峰焊生产时会出现大量的氧化浮渣，润湿性也较差。

② 锡铜系（Sn-Cu）。锡铜系焊料在焊点亮度、焊点成型和焊盘浸润等方面，与传统锡铅焊料焊接后的外观没有什么区别，而且由于锡铜系焊料构成简单，供给性好且成本低，它有比锡铅焊料好的强度和耐疲劳性。其缺点是熔点偏高，锡铜系中熔点最低的 Sn99.3、Cu0.7 焊料熔点为 227℃。

③ 锡银系（Sn-Ag）。锡银系焊料浸润性和扩散性与锡铅系焊料相近，在合金的电导率、热导率和表面张力等方面与锡铅合金不相上下。其缺点是熔点偏高，锡银系中熔点最低的 Sn96.5、Ag3.5 焊料熔点为 221℃，成本较高。

④ 锡锑系（Sn-Sb）。锡锑系焊料形成焊点的抗疲劳特性好，是 Sn63、Pb37 焊料的约 1.4 倍。其缺点是熔点高，熔点在 235～243℃，抗拉强度和润湿性不好。

⑤ 锡铋系（Sn-Bi）。锡铋系焊料是常用的低温焊料，最低熔点可低至 138℃。其缺点是由于铋属于稀有金属，所以成本较高。

⑥ 锡银铜系（Sn-Ag-Cu）。锡银铜系焊料熔点较低，其中 Sn96.5、Ag3、Cu0.5 焊料的熔点为 217℃，焊点强度和抗疲劳特性较好。Sn96.5、Ag3、Cu0.5 焊料是当前锡铅焊料的最佳替代品，是最主流的无铅焊料。

2） 助焊剂

糊状助焊剂在焊膏中起到结合剂、助熔剂、流变控制剂和悬浮剂等作用。它由树脂、活化剂（表面活性剂、催化剂）、触变剂、溶剂和添加剂等组成。优良的焊剂应具备高的沸点，以防止焊膏在再流过程中出现喷射；高的黏稠性，以防止焊膏在存放过程中出现沉降；低卤素含量，以防止再流焊后腐蚀元器件；低的吸潮性，以防止焊膏在使用过程中吸收空气中的水蒸气而引起粉末氧化。

助焊剂中通常含有卤素或有机酸成分，它能迅速消除被焊金属表面的氧化膜，降低焊料的表面张力，使焊料迅速铺展在被焊金属表面。助焊剂按活性可分为：活性（RA）、中等活性（RMA）、无活性（R）、水洗（OA），免清洗（NC）几大类。R型助焊剂活性最弱，它只含有松香而没有活性剂。RMA型助焊剂既含松香又含活性剂。RA型助焊剂是完全活化型的松香或者树脂系统，比RMA型的活性高。OA型助焊剂是有机酸焊剂，具有很高的助焊活性，一般OA型焊剂具有腐蚀性。

3）焊膏的保存与使用

（1）保存。焊膏应放入冰箱内冷藏保存，冰箱内的温度要保持在5～10℃，并且在盖子上记录放入时间，超过有效期的禁止使用。

（2）使用。

① 回温：刚从冰箱中取出的焊膏不能立刻使用，需要放置在常温下二三小时。

② 搅拌：由于焊膏中的焊料粉末与助焊剂密度相差很大，在冰箱中保存一段时间后的焊膏内部焊料粉末与助焊剂混合不均匀，因此必须搅拌均匀才能使用。

5.1.2.2 贴片胶

贴片胶俗称红胶，主要用于双面混装工艺中将表面组装元器件暂时固定在PCB的焊盘上，以便随后的波峰焊等工艺操作得以顺利进行。贴片胶主要由基本树脂、固化剂、增韧剂和填料等成分组成。

贴片胶与焊膏一样要保存在5～10℃冰箱冷藏室中。使用贴片胶前也要先在室温条件下回温三四小时。为了防止胶体中的分离现象，使用前必须进行搅拌，搅拌后的贴片胶应在24小时内用完，如果有剩余则要放入专用容器内保存，不可与新的贴片胶混在一起。

5.1.2.3 清洗剂

目前最常选用三氯三氟乙烷（CFC-113）和甲基氯仿作为清洗剂的主体材料。CFC-113 具有脱脂效率高，对助焊剂残余物溶解力强，无毒、不燃不爆，易挥发，对元器件和 PCB 无腐蚀及性能稳定等优点。较长时间以来，它一直被视为印制电路板组件焊后清洗的理想溶剂。但是，CFC-113 对高空臭氧层有破坏作用，为了避免地球环境被破坏，现在已经研制出了 CFC 的替代品，主要有以下三种。

(1) 改进型的 CFC。这种溶剂是在氯氟烃分子中引入了氢原子，代替了部分氯原子，以促进其在大气中可以迅速分解，减轻对臭氧层的损害。据测算，其损害程度大概只有 CFC 的十分之一。这种 CFC 的替代溶剂用 HCFC 表示。

(2) 半水清洗溶剂。其特点是既能溶解松香，又能溶解于水中，主要有萜烯类溶剂和烃类混合物溶剂。萜烯类溶剂的主要成分是烃和有机酸，它可以生物降解，不会破坏臭氧层，无毒、无腐蚀，对助焊剂残余物有很好的溶解能力。烃类混合物溶剂的主要成分是烃类混合物，并含有极性和非极性成分，提高了对各种污染物的溶解能力。半水清洗溶剂是目前被广泛认为最有希望的替代溶剂。

(3) 水清洗剂。其成分是极性的水基无机物质，通常采用皂化剂跟焊接剩余物发生“皂化反应”，生成可溶于水的脂肪酸盐，然后再用去离子水漂洗。这种清洗材料是替代 CFC 溶剂清洗的有效途径，主要用于低密度组件的清洗。

5.2 表面组装工艺

5.2.1 涂敷

涂敷是指将贴片胶或焊膏精确地放置到 PCB 的指定位置上的工

艺过程。主要的涂敷方法有分配器点涂法和模板印刷法。

1）分配器点涂法

由于焊膏的流动性不如贴片胶，因此焊膏的涂敷不采用分配器点涂法。分配器点涂法通常针对的是贴片胶。贴片胶分配器点涂法是预先将贴片胶灌入分配器中，点涂时从分配器上容腔口施加压缩空气或用旋转机械泵加压，迫使贴片胶从分配器下方空心针头中排出并脱离针头，滴到 PCB 要求的位置上，从而实现贴片胶的涂敷，其基本原理如图 5.10 所示。由于分配器点涂方法的基本原理是气压注射，因此，该方法也称为注射式点胶或加压注射点胶法。

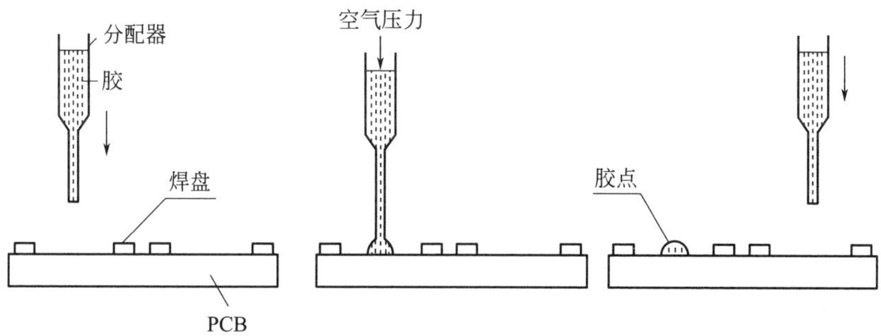

图 5.10　分配器点涂技术基本原理

采用分配器点涂法进行贴片胶点涂时，气压、针头内径、温度和时间是其重要工艺参数，这些参数控制着贴片胶量的多少、胶点的尺寸大小及胶点的状态。分配器点涂法使用的设备根据自动化程度分为手动点胶机和自动点胶机。自动点胶机能够保证点涂位置的精确度，并且能够精确控制贴片胶的施胶量。

分配器点涂法适应性强，特别适合多品种产品场合的贴片胶涂敷；易于控制，可方便地改变贴片胶量，以适应大小不同元器件的要求。由于分配器点涂法是逐点涂敷，因此效率低。

2）模板印刷法

模板印刷法既可以印刷贴片胶，也可以印刷焊膏，主要用于大批量且组装密度大的产品生产。其印刷原理是 PCB 被 PCB 定位块固定在PCB支架上，模板紧贴在PCB之上，刮刀推动焊膏在模板上滚动，焊膏经过模板网孔就漏印在PCB的焊盘上，如图5.11(a)所示。刮刀刮过整个模板，模板与PCB分离后，焊膏就可以完全漏印到焊盘上，如图5.11(b)所示。

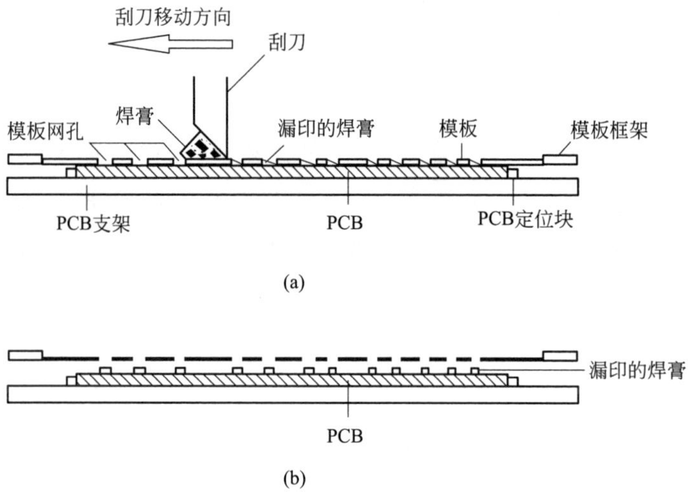

图5.11 印刷原理

印刷模板是印刷的关键工具之一，用来定位并定量分配焊膏。目前常用的金属模板又称为钢网，如图5.12所示。其外框是铸铝框架，中心是金属模板，框架与模板之间依靠张紧的柔性丝网相连接，呈“钢—柔—钢”的结构。这种结构确保金属模板既平整又有弹性，使用时能紧贴PCB表面。

3）喷印法

在以iPhone、iPad、Headset和Smart Watch等为代表的精密组装的电子产品上，大量的细间距器件、微焊点元器件不断涌现。这类电子产品进行生产制造时，往往需要在厚度0.8mm以下的薄板和柔性线路板上同步进行组装，而传统的模板印刷在生产中无疑成了瓶颈和短板。同时，对于一些多品种小批量的产品也需要一种能够快速转产且不需专用治具的焊膏涂敷设备，以节约生产成本和提高生产效率。

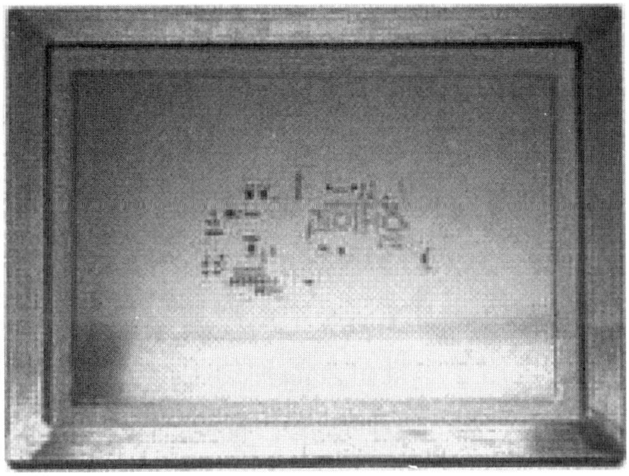

图 5.12 金属模板

焊膏喷印技术从点涂技术发展而来，喷印头结构如图 5.13 所示。喷印时将管装焊膏装入焊膏盒，通过侧面的微型螺旋泵将焊膏导入密封的腔体内，设备采用压电式方式将焊膏喷在印制板焊盘上，每个焊膏液滴直径大小在 0.215～0.600mm，通过液滴的堆积实现焊膏的沉积成形。

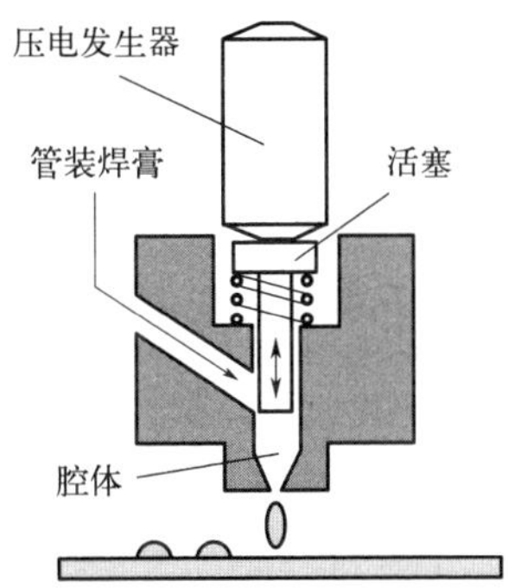

图 5.13 喷印头结构

喷印技术借助独特的喷射结构，无需模板，不需接触 PCB 板，以类似喷墨打印机的工作方式实现不同平面或不同角度焊盘的焊膏涂敷。这种工艺是完全由软件控制的，用户可以对多个工艺参数进行微调，比如焊膏的淀积量，焊膏覆盖的区域，每一个焊盘、元件或封装上焊膏淀积的高度和层数等。焊膏喷印是一种非接触的涂敷方式，其过程不产生压力，可控性强，能够实现任意图形焊膏点的精确涂敷，给柔性电路板、3D 焊膏涂敷、QFN 等涂敷提供了新的解决方案。传统模板印刷需要提前制作模板，其细间距工艺比较难控制，且制作模板需要周期。而焊膏喷印不需要模板，通过 CAD 或 Gerber 文件进行焊盘匹配和编辑，即可形成喷印程序，这一点在自动化生产中可节约大量换产时间。目前喷印机最高喷印速度为每小时 1080000 点，效率上还远小于模板印刷机，而且涂敷密度越高的印制板差异越明显，因此焊膏喷印技术更适用于小批量多品种的生产。

焊膏喷印技术主要针对小批量产品，细间距焊盘、腔体焊盘、BGA 植球等模板印刷难以解决的问题进行喷印操作，常用小尺寸焊盘的喷印参数，如表 5.1 所示。

表 5.1　常用小尺寸焊盘的喷印参数

喷印参数	0201 阻容	0402 阻容	0603 阻容	BGA 植球	腔体 QFN
焊盘尺寸	0.3mm 直径圆	0.5mm 直径圆或者 0.5mm×0.5mm 矩形	1mm×1mm 矩形	0.6mm 直径圆	0.3mm×0.5mm 引脚腔深 0.8mm
焊膏粉号	5	5	5	5	5
焊膏温度	32℃	28℃	28℃	28℃	32℃
喷印点径	0.3mm	0.3mm	0.5mm	0.4mm	0.3mm
喷印点数	焊盘中心位置 1 点	焊盘中心位置 4 点或 2×2 点阵	4×4 点阵	焊盘中心位置 6 点	1×2 点阵
喷头高度	0.3mm	0.65mm	0.65mm	0.65mm	1mm（高出平面 0.2mm）
喷头气压	90kPa	110kPa	110kPa	100kPa	90kPa
喷印频率	150Hz	150Hz	200Hz	150Hz	150Hz
基准点误差允许范围	±0.125%	±0.5%	±1%	±0.5%	±0.125%

焊膏喷印灵活性高，对一些特殊要求产品能进行焊膏定量分配，但其生产效率较低，并且喷印焊膏成本较高，不适合大批量产品的焊膏涂敷。因此，焊膏喷印的涂敷方式应该是模板印刷焊膏涂敷方式的一种补充，用于解决模板印刷不能解决（例如，腔体印刷）或解决成

本较高（例如，阶梯模板印刷）的场合，以及部分生产量较少的试制或研制产品，制作模板后又需要改进设计，需重新制作模板的场合。

5.2.2 贴片

贴片是表面组装中的关键工艺。印刷及焊接一次就可完成整个PCB的印刷及焊接，而贴片需要对表面贴装元器件一片一片地贴装，所以贴片机的技术性能会直接影响整条表面组装生产线的生产效率及质量，因此贴片机是表面组装生产线中核心的、关键的设备。用贴片机实现贴片的过程如图5.14所示。

（1）将PCB送入贴片机的工作台，经光学找正后固定。

（2）送料器将待贴装的元器件送入贴片机的吸拾工位，贴片机贴片头的吸嘴将元器件从其包装结构中吸取出来，如图5.14(a)所示。

（3）在贴片头将元器件送往PCB的过程中，贴片机的自动光学测试系统与贴片头相配合，完成对元器件的测试、对中校正等任务，如图5.14(b)所示。

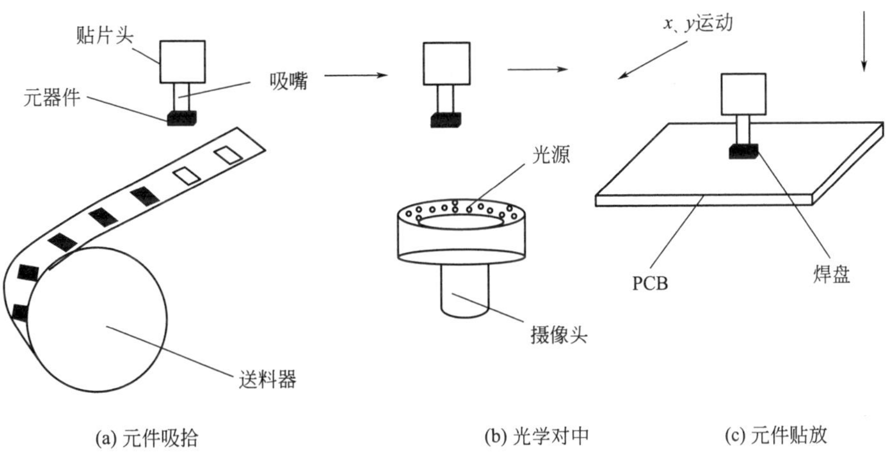

图5.14 贴片过程

（4）贴片头到达指定位置后，控制吸嘴以适当的压力将元器件准确地放置到PCB的指定焊盘位置上，元器件同时被已涂敷的焊膏或贴片胶粘住，如图5.14(c)所示。

（5）重复上述第（2）～（4）步的动作，直到将所有待贴装元器件贴放完毕。上面带有元器件的PCB被送出贴片机，整个贴片机工作便全部完成。下一个PCB又可送入工作台，开始新的贴放工作。

5.2.3 焊接

5.2.3.1 波峰焊

波峰焊主要用于通孔插装电路板的焊接，以及表面贴装与通孔插装混装电路板的焊接。波峰焊是利用焊料槽内的机械式或电磁式离心泵，形成一股向上喷涌的熔融焊料波峰，装有元器件的电路板通过焊料波峰，在焊接面上浸润焊料冷却后完成焊接，如图5.15所示。

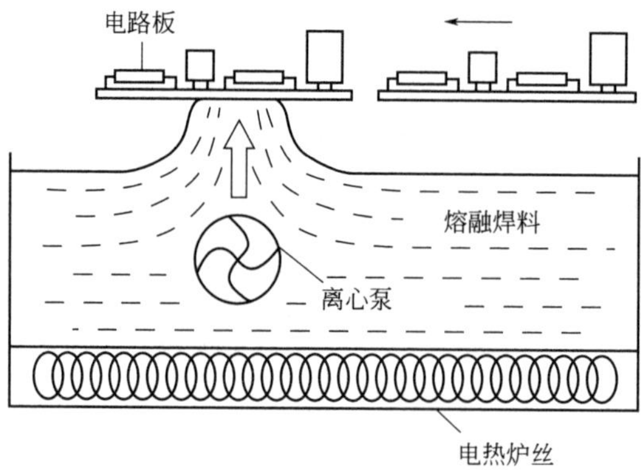

图5.15　波峰焊原理图

采用一般的波峰焊机焊接电路板时，有两个技术难点：一是气泡遮蔽效应，即在焊接过程中，助焊剂受热挥发所产生的气泡不易排出，遮蔽在焊点上，可能造成焊料无法接触焊接面而形成漏焊；二是阴影效应，即在混装电路板的焊接中，电路板在焊料熔液的波峰上通过时，较高表面贴装元器件对它后面或相邻的较矮的表面贴装元器件周围的死角产生阻挡，形成阴影区，使焊料无法在焊接面上漫流而导致漏焊或焊接不良。为克服这些焊接缺陷，一般采用“紊乱波”＋“宽平波”的双波峰焊，如图5.16所示。第一个是紊乱波，使焊料打到印制板底面所有的焊盘、元器件焊端和引脚上，减少气泡遮蔽效应和阴影效应。第二个是宽平波，宽平波将引脚及焊端之间的桥连分开，并将去除拉尖等焊接缺陷，修整焊接表面，得到理想的焊点。

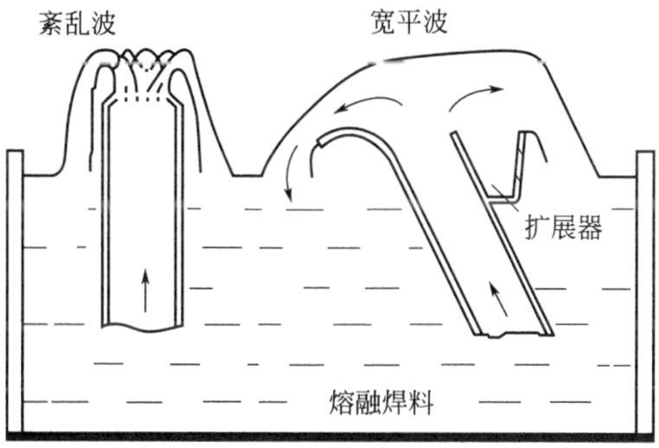

图 5.16　双波峰焊示意图

波峰焊机的内部结构如图 5.17 所示，由助焊剂喷涂系统、预热系统、焊料波峰发生器、传送系统、冷却系统和控制系统等几部分组成。

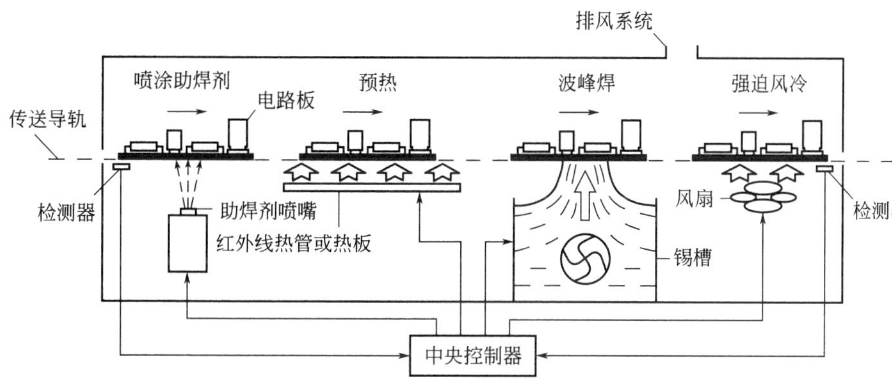

图 5.17　波峰焊机的内部结构示意图

1）助焊剂喷涂系统

助焊剂喷涂系统将液态助焊剂雾化，然后喷涂到 PCB 待焊接的部件上。通常助焊剂喷涂系统配有传感器，当有 PCB 经过时才进行喷涂，没有则停止喷涂。助焊剂喷涂系统需要定期检查液态助焊剂的黏稠度，如果黏稠度变高，则必须加入酒精进行稀释。

2）预热系统

预热系统在波峰焊过程中起着十分重要的作用。第一，喷涂的助焊剂中有大量的酒精溶剂，在通过预热系统时将会受热挥发，从而避免溶剂成分在经过焊料波峰时突然汽化造成炸裂的现象发生，减少产生锡珠（一种焊接缺陷）。第二，待焊接元器件通过预热器时可以缓慢升温，这就避免了过波峰时因骤热产生的物理作用造成损伤的情况发生。

预热温度和时间要根据印制板的大小、厚度、元器件的大小，以及贴装元器件的多少来确定，不同 PCB 类型和组装形式的预热温度可以参考表 5.2。如果预热温度偏低或预热时间过短，助焊剂中的溶剂挥发不充分，则容易引起气孔、锡珠等焊接缺陷，解决办法是提高预热温度或降低传送带速度；如果预热温度偏高或预热时间过长，助焊剂会提前分解，失去活性，则同样会引起毛刺、桥接等焊接缺陷，解决办法是降低预热温度或提高传送带速度。

表 5.2 预热温度参考表

PCB 类型	组装形式	预热温度/℃
单面板	纯 THC 或 THC 与 SMC/SMD 混装	90～100
双面板	纯 THC	90～110
	THC 与 SMD 混装	100～110
多层板	纯 THC	110～125
	THC 与 SMD 混装	110～130

3）焊料波峰发生器

焊料波峰发生器的作用是产生波峰焊工艺所要求的特定的焊料波峰，目前通常使用双波峰发生器。为了保证焊接质量，要求焊料波峰发生器产生的锡波平稳，PCB 无颤动，波峰温度通常为 240℃左右，每个焊点焊接时间在 3～5s，锡波无杂质，无氧化物。

4）传输系统

传输系统是一条安放在滚轴上由金属机械爪组成的链条，它支撑着电路板，使其移动并通过波峰焊区域完成波峰焊。对传输系统有以下要求。

① 传动平稳，无抖动和震动现象，噪声小。

② 传送速度可调，传送倾角范围在 4°～8°之间可选择。

③ 金属机械爪化学性能必须稳定，在助焊剂和高温液态焊料反复作用下不熔蚀，不沾锡，不起化学反应。如果在焊接的过程中发现金属机械爪沾锡，通常是因为锡波温度偏低造成的，通常提高锡波的设置温度 5℃即可解决。

④ 装卸方便，维修容易。

⑤ 可以很方便地根据 PCB 的不同宽度调节夹持的宽度。

5）冷却系统

冷却系统作用是迅速驱散 PCB 上的余热，快速形成焊点。对冷却系统有以下要求。

① 风压应适当，过猛易扰动焊点。

② 气流应定向，应不至于使焊料槽表面剧烈散热。

③ 最好能提供先温风后冷风的逐渐冷却模式。急剧冷却将导致产生较大的热应力而损害元件。

6）控制系统

控制系统的作用是利用计算机对全机各工位、各组件之间的信息流进行综合处理，对系统的工艺进行协调和控制。

5.2.3.2 再流焊

再流焊又称回流焊，再流焊是预先在电路板的焊盘上涂敷适量的焊膏，再把 SMT 元器件贴放到相应的位置，焊膏具有一定的黏性，可以暂时固定元器件，然后让贴装好元器件的电路板进入再流焊设备，实施再流焊。通过外部热源加热，使焊膏熔化而再次流动浸润，冷却后将元器件焊接到 PCB 板上的焊接技术。再流焊是伴随微型化电子产品的出现而发展起来的焊接技术，主要用于各类表面组装元器件的焊接。

再流焊不仅工艺上有“自定位效应”（如果元器件贴放位置有一定偏离，再流焊的过程中，在熔融焊料表面张力的作用下偏离的元器件能够被自动地拉回到近似目标的位置）的特点，而且再流焊的操作方法简单、焊接质量优良、焊接效率高、节约成本、便于实现自动化生产。再流焊工艺目前已经成为表面组装元器件焊接的主要工艺方法。

再流焊通过温度曲线可以很直观地分析元器件在整个再流焊接过程中出现的各种问题，监控元器件在各个温区里的温度变化，以此保证焊接质量。再流焊温度曲线是指 PCB 板上某一点通过再流焊机时，从进入再流焊机时的起始时间开始至通过再流焊机为止，该点的温度随着时间变化而发生变化的曲线。再流焊机的温度曲线参数设置是否合理，关系着焊接质量的好坏。再流焊温度曲线大体可以分为四个温区，依次是预热区、升温区（也叫保温区）、回流区（也叫再流区）、冷却区，再流焊温度曲线图如 5.18 所示。

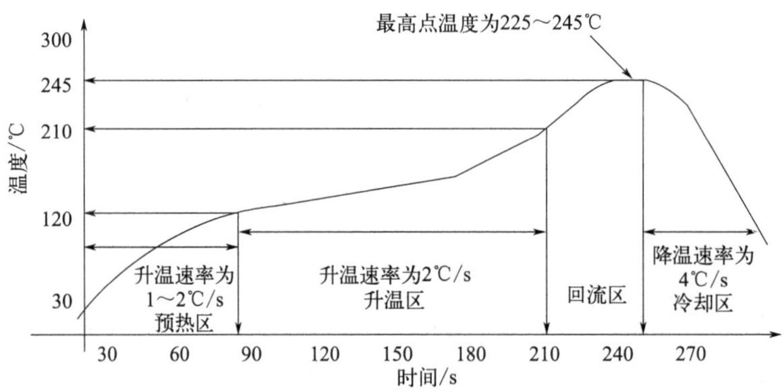

图 5.18　再流焊温度曲线图

1）预热区

从室温升高至 120℃左右，升温时间 60～80s，目的是对电路板上所有元器件进行预热，以达到第二温区的温度。但是，在预热过程中升温速率应控制在适当的范围内，若升温速率太慢，焊膏中的水分不能尽快挥发，若升温速率太快，则电路板预热不够充分；因此升温区温度上升速率一般设置为 1～3℃/s。

2）升温区

从 120℃升高至 210℃，升温时间 90～120s，目的是使电路板上大小不一的元器件的温度趋于相同，为下一步回流做准备。要使大大小小的元器件温度趋于一致，首先，加热时间应足够的长，使所有元器件受热均匀；其次，温度不能高于焊膏熔点温度，保证焊膏中的水分完全挥发。将升温区的温度控制在 120～210℃之间，升温速率低于 2℃/s，使电路板中每个点的温度趋于恒定，使电路板上所有元器件在进入回流焊接区之前温度趋于一致。在这一区域若设置时间过长或者稍短，焊接完成后容易出现虚焊、锡珠、气泡等现象，影响再流焊接质量。

3）回流区

从 210℃升高至 245℃，回流时间 30～40s，目的是使电路板焊盘上的焊膏受热融化并对元器件进行润湿，完成回流焊接。在此区域需要考虑一个重要因素，即助焊剂的作用，且助焊剂的助焊效率、黏度及表面张力都与温度有关。若回流焊接区温度设置过高，会产生一系列问题，比如电路板承受不住过高的温度被烧焦、元器件失去功能等；若回流焊接区温度设置过低，则使助焊剂达不到助焊的效果，容易产生虚焊、生焊、桥连等现象。因此温度的设置应从电路板、元器件和助焊剂三方面加以考虑，设置合理的温度，且回流焊接区尖端曲线的峰值一般设置为 225～245℃，达到最高温度持续时间为 10s，超过焊膏熔点温度的持续时间在 20～30s 之间。

4）冷却区

从 245℃迅速降至 75℃，降温时间 30～40s，目的是使电路板与焊料迅速冷却，从而使焊点标准美观、达到较高的机械强度。由于焊焊膏已经熔化并充分润湿完成焊接，此时应尽快冷却，这样将有助于形成光亮的焊点且焊点成型佳。若冷却速率慢，将吸收空气中过多的水分，从而使焊点灰暗、粗糙。因此，冷却区降温速率一般设置在3～10℃/s，冷却温度75℃。

在实际生产中，由于各种电路板的组装密度、所能承受的最高温度及热特性不一定完全一样。应根据元器件特性、焊膏的成分、再流焊机的型号等因素，合理设置再流焊温度曲线，并经过反复测量，对比试验数据和试生产来确定温度曲线。

5.2.3.3 选择性波峰焊

1）选择性波峰焊概述

波峰焊接技术是一种高效的大规模焊接工艺技术，但是波峰焊接技术的局限性特别明显：同一块线路板上的不同焊点因其特性不同，其所需的焊接参数会有很大差异，但是波峰焊的特点是使整块线路板上的所有焊点在同一设定参数下完成焊接，因而不同焊点间需要彼此互相“将就”，这使得波峰焊较难完全满足高品质线路板的焊接要求。

选择性波峰焊工作原理是：在由电路板设计文件转换的程序控制下，小型波峰焊锡槽和喷嘴移动到电路板需要焊接的位置，顺序、定量地喷涂助焊剂并喷涌焊料波峰，进行局部焊接。选择性波峰焊弥补了波峰焊的不足，它可以保护表面贴装元件来实现对插装元件焊接，大幅度降低生产工序和周期时间。

在传统的波峰焊接中，PCB板的下部需要完全浸入液态焊料中，因此在PCB的焊接面不能分布引脚间距较密或者密度很高的贴片元件，否则易造成桥连等焊接缺陷。但由于各种原因，有时不得不在焊接面布置并不适合波峰焊接的贴片元件，这时在焊接过程中就需要专用的保护膜来保护其他的表面贴装元件，并且贴膜和脱模均需手工操作。但使用选择性波峰焊进行焊接时，仅有特定区域与焊锡波接触，且每一个焊点的焊接参数都可以“量身定制”，不必再彼此“将就”。工程师有足够的工艺调整空间把每个焊点的焊接参数（助焊剂的喷涂量、焊接时间、焊接波峰高度等）调至最佳，缺陷率因此降低，甚至有可能做到通孔元器件的零缺陷焊接。

选择性波峰焊只是针对所需要焊接的点进行助焊剂的选择性喷涂，因此 PCB 板的清洁度可大幅度提高，同时离子污染量大大降低。助焊剂中的 Na^+ 和 Cl^- 如果残留在线路板上，时间一长就会与空气中的水分子结合形成盐，从而腐蚀线路板和焊点，最终造成焊点开路。因此，传统的生产方式往往需要对焊接完的线路板进行清洗，而选择性波峰焊则从根本上解决了这一问题。

由于焊接中的升温和降温过程都会给线路板带来热冲击，其强度在无铅焊接中尤为突出。无铅波峰焊的波峰温度一般为 260℃左右，比锡铅波峰焊温度高 20～30℃。在焊接时，整块线路板的温度经历了从室温到 260℃，再冷却至室温的过程，这一升一降的两个温度变化过程所带来的热冲击会使线路板上不同材质的物体因为热膨胀系数不同而形成剪切应力，对 PCB 板及元器件造成损伤。这些问题使用选择性波峰焊完全可以避免，近些年来，随着选择性波峰焊技术的不断成熟，选择性波峰焊工艺被广泛应用于电力、通信、军工、轨道交通及汽车制造等多个领域。

选择性波峰焊与波峰焊基本相似，主要由助焊剂喷涂、预热以及焊接三个部分组成，但由于选择性波峰焊机在性能方面的优势，该项焊接技术有效弥补了波峰焊接工艺的技术缺陷，实现了对通孔元器件的科学高效处理。

选择性波峰焊工艺针对性较强，可以根据不同的通孔元器件，选择相应的喷涂助焊剂，确保了喷涂效果。同时预热性能较好，在实际焊接过程中，技术人员可以结合焊接对象对于焊接温度的要求，灵活调整加热管道输出功率以及加热管道的使用数量，形成多种预热组合方案，确保焊接温度符合实际的焊接需求，在保证整体焊接质效的同时，有效控制焊接残渣的产生，达到控制焊接能耗的目的。

选择性波峰焊使用圆形喷嘴，通常喷嘴的内径为 3mm，外径为 4.5mm（实际可根据产品需求配置不同尺寸喷嘴来满足要求），在对通孔元器件进行焊接的过程中，技术人员可以灵活制定焊接方案，采取点焊或者拖焊等方式，快速完成焊接操作，缩短焊接周期。从整体效果来看，选择性波峰焊工艺与传统焊接方案相比，具有较好的灵活性。针对于不同的焊接对象，采取不同的焊接方案，灵活调整焊接工艺参数，实现了焊接能力与焊接质量的有效提升。

选择性波峰焊减少了助焊剂的使用量，加之焊接过程中使用氮气进行焊接保护，因此焊接残渣较少，对生态环境的影响相对较低。选择性波峰焊锡槽较小，容量只有十几公斤，所占空间较为有限，增加了选择性波峰焊工艺的环境适应能力。

2）选择性波峰焊工艺流程

选择性波峰焊工艺流程一般由助焊剂喷涂、预热、焊接三个部分组成。通过设备的程序设置，可对将要焊接的部位依次完成助焊剂喷涂工作，经预热模块预热后，再由焊接模块对其进行逐点焊接。

（1）助焊剂喷涂

在保证喷涂位置精确度的情况下，根据 PCB 的线路布局特点及元器件引脚的不同选择性助焊剂的喷涂可以分为以下 2 种情况：

① 单点喷涂，助焊剂量一般控制在 20%以内，喷涂时间为 1s 以内，喷涂时间不宜过长，否则会造成 PCB 板面助焊剂残留。

② 连续焊点喷涂，助焊剂量应控制在 30%～40%，喷头的移动速度应控制在 15～30mm/s。

（2）预热

评价通孔插装元器件的焊接质量时，焊料在焊盘上的铺展面积和对通孔的填充率是两个重要的指标。PCB 在焊接前的预热对这两个方面有很大的作用。

在波峰焊过程中，PCB 承受的温度一般为 215～255℃。在此温度下，PCB 处于高弹状态，已发生形变。而选择性波峰焊是局部焊接，冷的 PCB 直接焊接会带来焊接质量差、板材易变形等缺陷。因此，预热过程是选择性波峰焊不可缺少的过程。选择性波峰焊一般采用整体预热方式，防止线路板因受热不均而发生变形。选择性波峰焊多采用松香型助焊剂，它的活化温度一般在 120～150℃，超过这一温度则活化作用消失。因此，松香型助焊剂必须在焊接之前活化，同时，松香是一种大分子多环化合物，具有一定的成膜性，在活化过程中去除金属氧化物后可以在金属表面成膜防止其再氧化。当选择顶部预热时，可以选择热风预热方式。

（3）焊接

选择性波峰焊最主要的优点就是对 PCB 的每个焊点都可以单独设置焊接参数，确保其得到最优的焊接效果。在传统的波峰焊过程中，由于焊接范围大，PCB 大部分元器件都会经历同样的温度变化过程。选择性波峰焊只是针对特定点的焊接，只会在焊点及其邻近极小区域产生热冲击，可以避免热冲击带来的危害。无铅波峰焊的温度一般为 260℃ 左右，对于上锡难的元器件，其波峰焊温度可达到 280℃。

3）选择性波峰焊的喷嘴

选择性波峰焊的喷嘴是选择性波峰焊机的重要附件，如图 5.19 所示。选择性波峰焊的喷嘴有多种尺寸可以选择，内径/外径标准配置有 3mm/4.5mm、4mm/8.0mm、6mm/10mm、8mm/12mm、10mm/14mm 等多种。目前喷嘴最小内径为 2mm，最小外径为 4.5mm，喷嘴最大内径为 31mm，最大外径为 35mm。合适的焊接喷嘴可以保证焊接质量。对于难焊的大热容器件，尽量选择大尺寸喷嘴以提供足够的焊接热量；而对于密集贴片器件中的焊点，则需要选择小尺寸喷嘴，以免解焊掉周围的贴片器件。除了标准喷嘴，还可以定制不同尺寸、不同形状喷嘴，对于某些特殊的焊接组件，可以选择不同形状样式的喷嘴，例如加长型喷嘴等，以满足不同的焊接需求。针对高可靠性电子产品特点，合理选择焊接喷嘴以及焊接方式，如点焊或拖焊，对生产批量大的产品定制喷嘴进行浸焊，不仅保证了产品质量的一致性，也大大提高了生产效率。

图 5.19　选择性波峰焊的喷嘴

4）选择性波峰焊工艺特点

选择性波峰焊工艺具有先进性、复杂性以及智能性等特点，例如在选择性波峰焊工艺中，通过对 PCB 板的合理布局以及焊接喷嘴的科学设计，使得选择性波峰焊的质效得到提升，焊接成本降低，减少了费用支出。

由于喷嘴规格的多元化，使得选择性波峰焊工艺能够满足不同场景下的焊接需求，在 PCB 板布局环节，技术人员通常只需要考虑喷嘴的直径或者喷嘴高度等几个参数，就能够快速实现参数设置，有序开展相关的焊接操作。但是考虑到实际的焊接效果，技术人员在焊接操作之前，应当对焊接方案进行筛选以及优化。在选择性波峰焊工艺使用过程中，如果选用单喷嘴焊接方案，则应当预留相应的空间，保证通孔元器件引脚与其他元器件之间保持 2mm 的距离，以便于焊接后，喷嘴能够有序撤离 PCB 板。在选择性波峰焊过程中，如果 PCB 板上存在体积较大的元器件，则需要技术人员调整焊接方案，将喷嘴与元器件的距离保持在合理范围内，避免焊接过程中产生的高温对元器件产生破坏作用，影响元器件的正常使用。这种复杂性，要求技术人员在操作环节，应当灵活调整焊接方案，科学处理各类突发情况，确保选择性波峰焊工艺的科学高效应用。

5）选择性波峰焊工艺注意事项

选择性波峰焊工艺在实际应用环节需要关注以下注意事项，以确保技术应用的针对性以及有效性。

（1）通孔填充率问题

在选择性波峰焊工艺应用过程中，需要保证通孔填充率。从过往实践情况来看，引发通孔填充率较低的原因是多方面的。通孔元器件引脚直径过大或者过小，都会造成通孔填充率不达标的问题，具体来看，如果引脚过大，造成通孔间隙较大，导致毛细管无法发挥自身的作用；如果引脚过小，通孔间隙过小，选择性波峰焊使用的助焊剂难以在短时间内进入到通孔内部，影响焊点质量，增加焊接难度。为了确保通孔填充率处于合理的范围内，保证助焊剂的快速融入，技术人员需要做好相应的 PCB 板设计工作，以此来解决通孔元器件间隙过大或者过小的问题。例如在 PCB 板设计环节，应当以元器件引脚作为标准，在元器件引脚的基础上，增加 0.2～0.4mm，将其作为通孔直径，从而将通孔间隙控制在合理范围内，保证助焊剂的填充质效，为后续相关焊接工作的开展创造便利条件。

（2）桥连问题

桥连作为影响现阶段选择性波峰焊的关键性缺陷，对于焊接质效有着最为直接的影响。从桥连缺陷的诱发因素来看，桥连问题的出现主要与通孔元器件引脚间隙过小有关。通常情况下，对多喷嘴焊接技术方案，在焊接过程中，为了保证焊接质效，要求元器件的引脚间距应当超过 2.54mm；对单喷嘴焊接技术方案，由于喷嘴数量较少，要求元器件引脚间距大于 1.27mm。只有满足上述间距要求，才能够避免喷嘴对焊点周围元器件产生结构性损伤，确保焊接的整体水平。但是从实际情况来看，由于工艺的限制，元器件引脚间距小于 2.54mm 的集成电路存在较大的桥连风险，技术难度较大，周期较长，无法满足实际的焊接需求。但是在实际处理环节，技术人员可以从 PCB 板设计入手，通过对 PCB 板的合理布局，在元器件引脚位置设置一定的拖锡焊盘，将焊接过程中产生的焊接料及时排出，从而管控桥连风险，确保了选择性波峰焊工艺的实用性。

（3）锡珠问题

从实际情况来看，目前锡珠问题普遍存在于通孔元器件焊接过程中，尤其在无铅焊技术应用过程中出现的频率较高。这是因为无铅焊接的焊接温度明显高于有铅焊的焊接温度，由于焊接温度较高，导致通孔元器件中的阻焊膜在焊接预热过程中出现软化的情况，材料软化增加了阻焊膜的黏度，大大增加了锡珠粘连的发生概率，导致选择性波峰焊过程中，形成的焊接残渣难以快速排出，影响焊接的整体质量。为了有效应对这一问题，降低锡珠对整个选择性波峰焊工艺的影响，技术人员在焊接之前，应当在科学性原则、实用性原则的引导下，做好相应的准备工作。例如在 PCB 板排版过程中，进行技术方案的微调，有计划地使用大焊盘阻焊膜，通过增加阻焊膜的面积，在保证阻焊膜作用充分发挥的前提下，最大限度地扩大阻焊膜与焊点之间的距离，通过这种处理方案，有效降低锡珠的产生概率。

（4）PCB 板设置问题

选择性波峰焊过程中，为保证焊接效果，应当做好 PCB 板的合理布局，通过 PCB 板的高效设置，有效推动选择性波峰焊工艺在实践环节中的科学高效应用。在这一思路的引导下，技术人员在 PCB 板排版设置过程中，应当立足于实际，细化 PCB 板设置要求，明确 PCB 板优化流程，逐步形成一个完备高效的 PCB 板设置机制。同时，为保证 PCB 板设置效果，技术人员应当做好相应的检测工作，通过系统化的检测，评估相关设置方案，调整设置方法。例如在 PCB 板设置方案明确后，使用针床在线测试系统，对 PCB 板进行全面评估，在评估过程中，收集、汇总、分析各项数据，为技术人员提供相应的参考，技术人员根据相关数据，快速判定 PCB 板设置方案存在的问题与不足，采取有效的措施，积极进行应对与优化，实现对 PCB 板的动态设置，切实保证选择性波峰焊工艺在实践环节的应用效果。

（5）选择性波峰焊设备编程与参数设定问题

在选择性波峰焊的过程中，尽管只针对通孔元器件进行焊接，但是由于喷嘴处温度较高，实际焊接过程中，势必对通孔元器件周围的各类组件产生影响。为了缩小选择性波峰焊影响范围，在焊接之前，技术人员可以做好焊接设备的编程以及参数设定工作。例如使用下沉式喷射系统，对助焊剂喷射的体量、预热温度以及拖拽温度进行控制，以保证焊接的质效。同时做好选择性波峰焊设备辅料的使用工作，通过合理使用辅料，大大增强整个焊接的有效性，发挥选择性波峰焊的技术优势。

5.2.3.4 其他焊接技术

1）热板传导再流焊

利用热板传导来加热的焊接方法称为热板再流焊。热板传导再流焊的工作原理如图 5.20 所示。

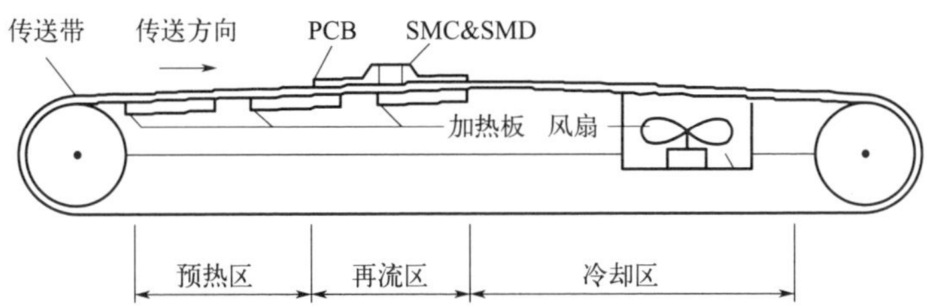

图 5.20　热板传导再流焊的工作原理

发热器件为加热板，放置在传送带下，传送带由导热性能良好的材料制成。待焊电路板放在传送带上，热量先传送到电路板上，再传至焊膏与表面组装元器件上，焊膏熔化以后，再通过风冷降温，完成表面组装元器件与电路板的焊接。这种设备的热板表面温度不能大于300℃，适用于高纯度氧化铝基板、陶瓷基板等导热性好的电路板单面焊接，对普通覆铜箔电路板的焊接效果不好。其优点是结构简单，操作方便；缺点是热效率低，温度不均匀，PCB 为非热良导体就无法适用，故很快被取代。

2）气相再流焊

（1）气相再流焊的原理

气相再流焊是利用氟惰性液体由气态相变为液态时放出的汽化潜热来进行加热的一种焊接方法，其焊接原理如图 5.21 所示。

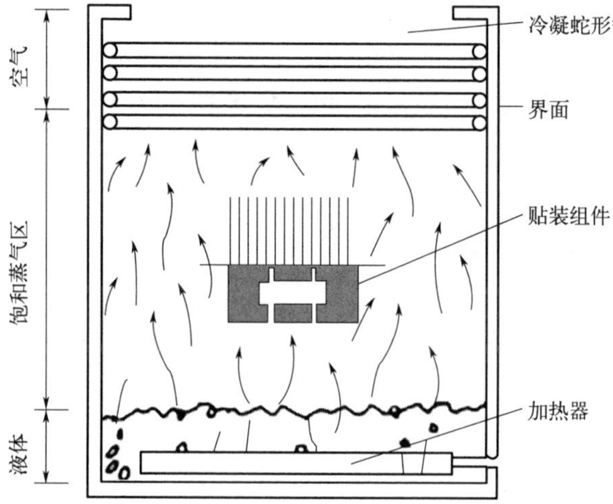

图 5.21　气相再流焊的原理

典型的气相焊接系统是一个可容纳氟惰性液体的容器，用加热器加热氟惰性液体到沸点温度，使之沸腾蒸发，在其上形成温度等于氟惰性液体沸点的饱和蒸气区。在这个饱和蒸气区内氟惰性蒸气置换了其中的大部分空气，形成无氧的环境，这是高质量地进行表面组装焊接的重要条件。在该容器的顶部（即饱和蒸气区的上方）是一组冷凝蛇形管，用来减少氟惰性蒸气的损失。

当相对较冷的被焊接的表面组装元器件进入饱和蒸气区时，蒸气凝聚在表面组装元器件所有暴露的表面上，把汽化潜热传给 PCB、元器件和焊膏。在表面组装元器件上凝聚的液体流到容器底部，再次被加热蒸发并凝聚在表面组装元器件上。这个过程继续进行，并在短时间内使表面组装元器件与蒸气达到热平衡，表面组装元器件即被加热到氟惰性液体的沸点温度。由于所有氟惰性液体的沸点都高于焊料的熔点，因而可以获得适当的再流焊温度。

（2）气相再流焊的特点

① 由于在表面组装元器件的所有表面上普遍存在凝聚现象，且置于恒定温度的气相场中，汽化潜热的转移对表面组装元器件的物理结构和几何形状不敏感，因而可使组件均匀地加热到焊接温度。

② 由于加热均匀，热冲击小，因而能防止元器件产生内应力。加热不受表面组装元器件结构的影响，复杂和微小部分也能进行焊接，焊料的桥连被控制到最低程度。

③ 焊接温度保持一定。由于饱和蒸气的温度由氟惰性液体的沸点决定，在这种稳定的饱和蒸气中焊接，无须采用复杂的温控手段就可以精确保持焊接温度，不会发生过热现象。

④ 在无氧气的环境中进行焊接，有利于形成高质量的焊点。

⑤ 热转换效率高，加热速度快。

⑥ 气相焊热传导效果好，温度升高速度快，受热均匀，并能精确控制最高温度，能焊接 PLCC 和 QFP。

气相焊接技术也存在一定的缺点，主要表现在：升温条件不能由表面组装元器件的种类来确定，汽化力有表面组装元器件浮起的可能，产生“曼哈顿现象”和“芯吸效应”；氟化处理价格昂贵，生产成本高，且如果操作不当，氟溶剂经热分解会产生有毒气体。它可用于特种场合下的焊接，如航天、军工的表面组装元器件的焊接。

3）激光再流焊

（1）激光再流焊的原理

激光焊接是利用激光束直接照射焊接部位，焊接部位（元器件引脚和焊料）吸收激光能并转变成热能，温度急剧上升到焊接温度，导致焊料熔化，激光照射停止后，焊接部位迅速变冷，焊料凝固，形成牢固可靠的连接，其原理如图 5.22 所示。

（2）激光再流焊的特点

激光再流焊主要适用于军事电子设备中，它利用激光的高能密度

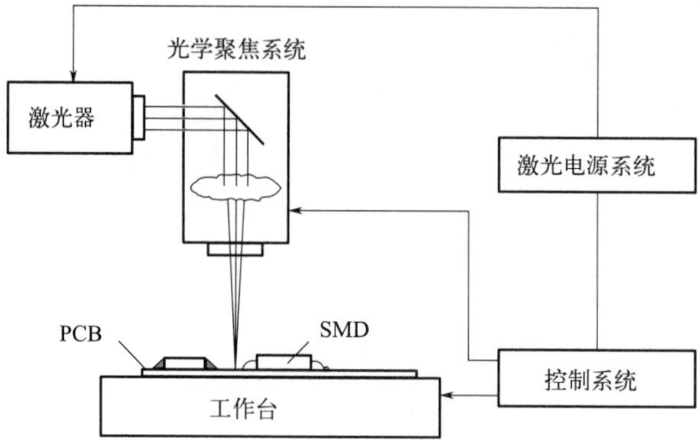

图 5.22　激光再流焊原理图

进行瞬时微细焊接，并且把热量集中到焊接部位进行局部加热，对元器件本身、PCB 和相邻器件影响很小，同时还可以进行多点同时焊接。

激光焊接能在很短的时间内把较大能量集中到极小表面上，加热过程高度局部化，不产生热应力，热敏性强的元器件不会受到热冲击，同时还能细化焊接接头的结晶粒度。激光再流焊适用于热敏元器件、封装组件及贵重基板的焊接。

该方法显著的优点是：加热高度集中，减少了热敏元器件损伤的可能性；焊点形成非常迅速，降低了金属间化合物形成的机会；与整体再流法相比，减小了焊点的应力；局部加热，对 PCB、元器件本身及周边的元器件影响小；在多点同时焊接时，可使 PCB 固定而激光束移动进行焊接，易于实现自动化。激光再流焊的缺点是初始投资大，维护成本高，可以作为其他方法的补充，但不可能完全取代其他焊接方法。

4）通孔再流焊

随着电子产品向小型化、高组装密度方向发展，电子组装技术也以表面贴装技术为主。但在一些电路板中仍然会存在一定数量的通孔插装元器件，形成表面组装元器件和通孔插装元器件共存的混装电路板。混装电路板的传统组装工艺是先使用表面贴装技术完成表面贴装器件的焊接，再使用通孔插装技术插装通孔元器件，最后通过波峰焊或手工焊来完成 PCB 板的组装。其主要工艺步骤如图 5.23 所示。

图 5.23　混装电路板的传统组装主要工艺图

采用传统组装工艺组装混装电路板的主要缺点是必须为使用极少的通孔插装元件的焊接增加一道波峰焊接的工序，可以采用通孔再流焊技术解决以上缺点。通孔再流焊技术是将焊膏印刷到电路板上，然后在贴片后插装通孔插装元器件，最后表面组装元器件和通孔插装元器件共同通过再流焊炉，一次性完成焊接的组装技术，主要工艺步骤如图 5.24 所示。

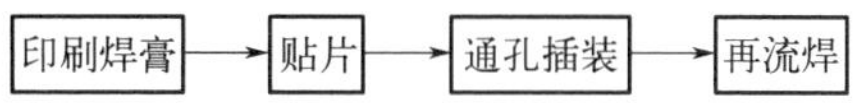

图 5.24　混装电路板通孔再流焊主要工艺图

通孔再流焊接技术是将插装元件焊接结合到表面组装焊接工艺中的一种工艺方法，可以在混装电路板上一次完成所有元器件的焊接，这样既可以减少一次焊接环节，使 PCB 板组件和器件受到的热冲击减少一次，减少工序，提高生产效率，又可以节省波峰焊炉的设备成本。

（1）通孔再流焊材料的选择

通孔再流焊可以选用锡铅 Sn63/Pb37 共晶焊膏，尽量选择焊料粉末直径较小且活性较好的新焊膏。印制电路板选用环氧树脂玻璃纤维布覆铜板，厚度为 1.6mm。因为要采用锡铅再流焊接工艺，要求插装元器件必须能够耐高温，因此必须选择能够在 235℃ 的高温下承受 70s 以上的通孔插装元器件。

（2）通孔再流焊印刷焊膏

通孔再流焊技术的关键问题在于通孔焊点所需焊膏量比表面贴装焊点所需焊膏量要大，而采用传统再流工艺的焊膏印刷方法不能同时给通孔元器件及表面组装元器件施加合适的焊膏量，通孔焊点的焊料量通常不足，因此焊点强度将会降低。可以通过下面两种不同工艺完成印刷。

① 一次印刷工艺。为了解决通孔元器件及表面组装元器件焊膏需求量不同的问题，可以采用局部增厚模板进行一次印刷，如图 5.25 所示。

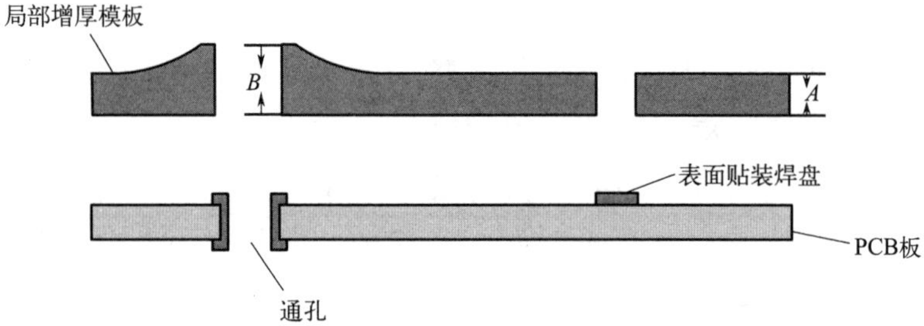

图 5.25 通孔再流焊局部增厚模板

采用局部增厚模板需要使用手动印刷焊膏的方式，而刮刀则要采用橡胶刮刀，印刷工艺与传统 SMT 印刷一致。通常局部增厚模板中参数 $A=0.15\text{mm}$，$B=0.35\text{mm}$ 的厚度能够满足通孔再流焊各焊点焊膏量的要求。由于局部增厚模板使用橡胶刮刀，橡胶刮刀在压力下形变较大，因此印刷后会出现焊膏图形有凹陷的缺陷。

② 二次印刷工艺。一次印刷工艺使用局部增厚模板和橡胶刮刀完成印刷，然而对于一些引线密度较大而引线直径特小的混装电路板，采用局部增厚模板一次性印刷焊膏的工艺无法满足印刷质量的要求，必须使用二次印刷焊膏工艺，如图 5.26 所示。首先通常采用 0.15mm 厚的第一级模板印刷表面组装元器件的焊膏，再用 0.3～0.4mm 厚的第二级模板印刷通孔插装元器件的焊膏。为了防止第二次印刷影响第一次已经印刷在表面贴装焊盘上的焊膏，需要在第二次印刷用模板的背面正对表面贴装焊盘处刻蚀出深度为 0.2mm 的凹槽。

无论采用一次印刷工艺还是二次印刷工艺，当通孔插装元器件采用通孔再流焊所使用的焊料质量为采用波峰焊所使用的焊料质量的 80%时，焊点与采用波峰焊形成焊点强度是相当的，但是如果通孔插

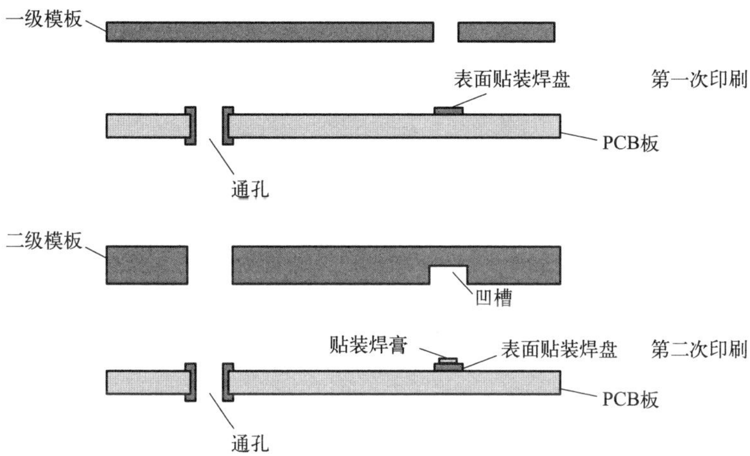

图 5.26　通孔再流焊二次印刷焊膏工艺

装元器件的焊料质量低于这个临界量，则形成的焊点强度达不到标准。把 80%定义为通孔再流焊焊料临界量，无论是采用一次印刷工艺还是二次印刷工艺都要保证通孔再流焊所使用的焊料量大于这个临界量。

（3）通孔再流焊元器件的安装

混装电路板中的贴装元器件使用贴片机进行贴片，通孔插装元器件使用人工插装。通孔插装元器件插装时要求元器件的被焊接引脚超出 PCB 焊接面长度为 1.0～1.5mm，过长的引脚会在插装时带出更多的焊膏，导致通孔内的焊膏量不足；元器件和 PCB 面之间应预留一定高度，高度为 0.5mm 左右，以防止器件本身对焊膏造成挤压。插装元器件插入焊接孔后，通过再流炉时，由于焊膏熔化元器件易出现歪斜的状况，如图 5.27 所示。

图 5.27　再流焊中焊膏熔化元器件易歪斜

可以通过使用固定治具来保证焊接过程中元器件始终垂直于电路板，如图 5.28 所示。

图 5.28　使用固定治具

（4）通孔再流焊温区设置

以九温区的再流焊炉为例，通过对再流焊炉九个温区温度参数的设置，将再流焊炉划分成四大功能区，分别是预热区、加温区、回流区和冷却区。将混装电路板放入已经设置好温区温度的再流焊炉，电路板依次经过四个功能区即可完成焊接。九温区的再流焊炉参数设置如表 5.3 所示。

表 5.3　九温区的再流焊炉参数设置表

温区	温区 1	温区 2	温区 3	温区 4	温区 5	温区 6	温区 7	温区 8	温区 9
上温区	125℃	145℃	155℃	165℃	170℃	190℃	200℃	220℃	235℃
下温区	125℃	145℃	155℃	165℃	170℃	190℃	200℃	215℃	230℃
传送链条速度:0.72m/min									

5.2.4　清洗

5.2.4.1　清洗概述

随着现代电子产品快速地向短、小、轻和薄等方向发展及产品复杂程度的提高，在电子制造工艺过程中引入了越来越多的非极性污染物（松香/树脂和油等）、极性污染物（助焊剂、活性剂和盐等）及颗粒状污染物，如果这些污染物得不到及时有效的清除，会直接造成印制板和元器件表面漏电、短路、断路或形成腐蚀导致失效，必然会影响到工艺的顺利实施或产品的质量和可靠性。因此，必须在工艺实施的许多环节导入清洗工序，使用清洗剂及配套的清洗设备。

1）清洗的主要目的

① 防止由于污染物对元器件、印制导线的腐蚀所造成的表面组装组件短路等故障的出现，提高组件的性能和可靠性。

② 避免由于PCB上附着离子污染物等物质所引起的漏电等电气缺陷的产生。

③ 保证组件的电气测试可以顺利进行，大量的残余物会使得测试探针不能和焊点之间形成良好的接触，从而使测试结果不准确。

④ 使组件的外观更加清晰美观，同时也为后道工序的进行提供了保证。

2）污染物的类型和来源

常见污染物的类型和来源见表5.4。

表5.4 常见污染物的类型和来源

污染类型	来源
有机化合物	焊剂、焊接掩膜、编带、指印
无机难溶物	光刻胶、焊剂剩余物
有机金属化物	焊剂剩余物
可溶无机物	焊剂剩余物、酸、水
颗粒物	空气中的物质、有机物残渣

一般而言，可以将这些不同类型的污染物分为极性污染物、非极性污染物和微粒状污染物三种。

① 极性污染物。是指在一定条件下可电离为离子的物质，其分子具有偏心的电子分布。卤化物、酸及其盐都是极性污染物，它们主

要来自于助焊剂中的活化剂。当极性污染物的分子电离时，会产生正离子和负离子。这种离子是良好的导体，能引起电路故障。在一定电压作用下，这种离子会向相反极性的导体迁移，同时由于极性污染物自身的吸湿性，它吸收水分并在空气中二氧化碳的作用下加速自身的溶解。这些离子载体的连锁反应会产生导电效应，造成 PCB 导线的腐蚀。

② 非极性污染物。是指没有偏心电子分布的化合物，不会电离成离子，也不带电流，它们主要是指助焊剂中残留的有机物本身的残渣、波峰焊锡槽所用的防氧化油、残留胶带和浮油等。一般情况下，非极性污染物是绝缘体，不会产生腐蚀和电气故障。但由于其本身具有较大黏性，会吸附灰尘，因此会影响可焊性，如果其覆盖在焊点上还有可能会妨碍对焊点的电测试。

需要注意的是，大多数残留污染物是非极性物质和极性物质的混合物。

③ 微粒状污染物。主要来源于空气中的物质、有机物残渣等。尘埃、烟雾、静电粒子等都是微粒状污染物，它们同样会对印制电路板组件的性能造成损害。

3）清洗剂的发展

从清洗剂的特点来考虑，人们常选用三氯三氟乙烷（CFC-113）和甲基氯仿作为清洗剂的主体材料。CFC-113 具有脱脂效率高，对助焊剂残余物溶解力强，无毒、不燃不爆，易挥发，对元器件和 PCB 无腐蚀及性能稳定等优点。较长时间以来，它一直被视为印制电路板组件焊后清洗的理想溶剂。

但是近年来，人们经研究发现 CFC-113 对高空臭氧层有破坏作用，为了避免地球环境被破坏，现在已经研制出了 CFC 的替代品，主要有以下三种。

① 改进型的 CFC。这种溶剂是在氯氟烃分子中引入了氢原子，代替了部分氯原子，以促进其在大气中可以迅速分解，减轻对臭氧层的损害。据测算，其对臭氧层的损害程度大概只有 CFC 的十分之一。

这种 CFC 的替代溶剂用 HCFC 表示。

② 半水清洗溶剂。其特点是既能溶解松香，又能溶解于水中，主要有萜烯类溶剂和烃类混合物溶剂。萜烯类溶剂的主要成分是烃和有机酸，它可以生物降解，不会破坏臭氧层，无毒、无腐蚀，对助焊剂残余物有很好的溶解能力。烃类混合物溶剂的主要成分是烃类混合物，并含有极性和非极性成分，提高了对各种污染物的溶解能力。半水清洗溶剂是目前被广泛认为的最有希望的替代溶剂。

③ 水清洗剂。其成分是极性的水基无机物质，通常采用皂化剂与焊接剩余物发生“皂化反应”，生成可溶于水的脂肪酸盐，然后再用去离子水漂洗。这种清洗材料是替代 CFC 溶剂清洗的有效途径，主要用于低密度组件的清洗。

目前，清洗剂正在继续向着无毒性、不破坏大气臭氧层、对自然环境不具有破坏作用、不会产生新的公害、能高效清洗高密度表面组装组件的方向发展。

5.2.4.2 清洗方法及工艺流程

印制电路组件的清洗方法大多以清洗时所用溶液介质的性质来分类，主要分为溶剂清洗法、水清洗法和半水清洗法三类。

1）溶剂清洗法

① 批量式溶剂清洗工艺。批量式清洗工艺又称为间歇式清洗，其主要工艺流程为：将欲清洗的印制电路组件置于清洗机的蒸气区，由于蒸气区四周设有冷凝管，当位于蒸气区下部的溶剂被加热，变成蒸气状态并上升至冷却的组件表面时，又被冷凝成溶剂，并与组件表面的污染物作用后随液滴下落而带走污染物。被清洗组件在蒸气区停留 5～10min 之后，再用溶剂蒸气经冷凝而回收到的洁净液对组件进行喷淋，冲刷污染物。一直停留在蒸气区内的组件当其表面温度达到蒸气温度时，其表面不再产生冷凝液，此时组件已洁净干燥，可以取出。这种清洗方法清洗的组件洁净度高，适合小批量生产、印制电路组件污染不严重而洁净度要求较高的场合。它的操作是半自动的，溶

剂蒸气会有少量泄漏，对环境有影响。

批量式溶剂清洗工艺的要点包括以下几个方面。

· 煮沸槽中应容纳足量的溶剂，以促进均匀、迅速地蒸发，还应注意从煮沸槽中清除清洗后的剩余物。

· 在煮沸槽中设置有清洗工作台，以支撑清洗负载；要使污染的溶剂在工作台水平架下面始终保持安全高度，以便使装清洗负载的筐子上升和下降时，不会将污染的溶剂带进另一溶剂槽中。

· 溶剂罐中要充满溶剂，以使溶剂总是能流进煮沸槽中。

· 当设备启动之后，应有充足的时间形成饱和蒸气区，并进行检查，确信冷凝蛇形管达到操作手册中规定的冷却温度，然后再开始清洗操作。

· 根据使用量，周期性地用新鲜溶剂更换煮沸槽中的溶剂。

② 连续式溶剂清洗工艺。连续式清洗工艺适用于大批量和流水线生产，清洗质量比较稳定，由于操作是全自动的，因此不受人为因素影响。另外，连续式清洗工艺中，可以加入高压倾斜喷射和扇形喷射的机械去污方法，特别适用于表面组装电路板的清洗。

· 连续式溶剂清洗技术的特点。连续式清洗机一般由一个很长的蒸气室构成，内部又分成几个小蒸气室，以适应溶剂的阶式布置、溶剂煮沸、喷淋和溶剂储存，有时还把组件浸没在煮沸的溶剂中。通常，把组件放在连续式传送带上，根据表面组装组件的类型，以不同的速度运行，水平通过蒸气室。溶剂蒸馏和凝聚周期都在机内进行，清洗程序、清洗原理与批量式清洗类似，只是清洗程序是在连续式的结构中进行。

采用连续式清洗技术清洗表面组装组件的关键是选择满意的溶剂和最佳的清洗周期。

· 连续式溶剂清洗系统的类型。连续式清洗机按清洗周期可分为以下三种类型。

蒸气—喷淋—蒸气周期。这是在连续式溶剂清洗机中最普遍采用的清洗周期。组件先进入蒸气区，然后进入喷淋区，最后通过蒸气区送出。在喷淋区从底部和顶部进行上下喷淋。这种类型的清洗机常采用扁平、窄扇形和宽扇形等喷嘴相结合，并辅以高压、喷射角度控制等措施进行喷淋。

喷淋—浸没煮沸—喷淋周期。采用这类清洗周期的连续式溶剂清洗机主要用于难清洗的表面组装组件。要清洗的组件先进行倾斜喷淋，然后浸没在煮沸的溶剂中，再倾斜喷淋，最后排出溶剂。

喷淋—带喷淋的浸没煮沸—喷淋周期。采用这类清洗周期的清洗机与第二类清洗机类似，只是在煮沸溶剂上面附加了溶剂喷淋。有的还在浸没煮沸溶剂中设置喷嘴，以形成溶剂湍流。这些都是为了进一步强化清洗作用。

③ 沸腾超声波清洗工艺。沸腾超声波清洗工艺也是适用于表面组装组件焊后清洗的技术之一，其在替代 CFC 的清洗方法中可适用于多种溶剂，并能显著地提高清洗效果。

· 超声波清洗的原理。超声波清洗的基本原理是“空化效应”(Cavitation Effect)，当高于 20kHz 的高频超声波通过换能器转换成高频机械振荡传入清洗液中时，超声波在清洗液中疏密相间地向前辐射，使清洗液流动并产生数以万计的微小气泡，这些气泡在超声波的负压区形成、生长，而在正压区迅速闭合（熄灭），气泡闭合时形成约 1000 个大气压力的瞬时高压，就像一连串的小“爆炸”，不断地轰击被清洗物表面，并可对被清洗物的细孔、凹位或其他隐蔽处进行轰击，使被清洗物表面及缝隙中的污染物迅速剥落。然后再用溶剂喷淋被清洗组件，冲刷污染物，最后对清洗组件进行干燥处理。

· 沸腾超声波清洗的优点。效果全面，清洁度高；清洗速度快，提高了生产率；不损坏被清洗组件表面；减少了人手对溶剂的接触机会，提高了工作安全度；可以清洗其他方法达不到的部位。但同时，由于超声波具有一定的穿透能力，往往会透过器件的封装进入器件内部而破坏晶体管和集成电路的焊点。因此，世界上很多国家都明确规定军用电子产品不得使用沸腾超声波清洗。我国 GJB 3243—1998 也规定军用电子产品不允许用超声波清洗印制电路组件。

2）水清洗法

根据印制电路组件所用助焊剂种类不同，水清洗工艺又可分为皂化水清洗和净水清洗。

① 皂化水清洗工艺。对于采用松香助焊剂焊接的印制电路组件，应采用皂化水清洗工艺。这是因为松香中的主要成分松香酸不溶于水，而必须以水为溶剂，在皂化剂的作用下，将松香变成可溶于水的松香脂肪酸盐，然后在高压水喷淋下，才可以去除松香脂肪酸盐，最后再用净水清洗才能达到清洗目的，其工艺流程如图 5.29 所示。

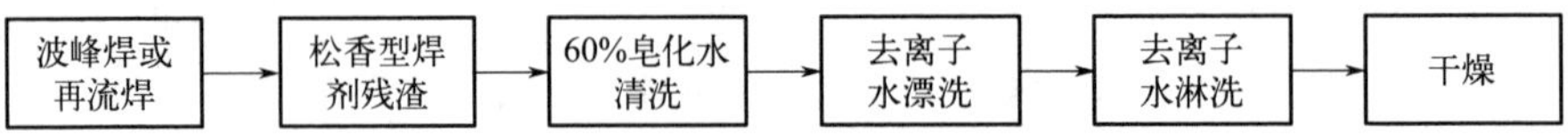

图 5.29　皂化水清洗工艺流程图

皂化水清洗工艺可以去除的污染物范围较广，并且可以根据所用的助焊剂选择合适的皂化剂进行清洗，针对性强。但它的清洗效果不如 CFC 理想，同时，皂化剂及其残渣往往又带来新的污染，影响印制电路组件的性能和质量。另外，皂化水清洗工艺对于非松香类的助焊剂残余物的清洗效果不稳定。

② 净水清洗工艺。净水清洗就是清洗时洗涤和漂洗都采用净水或纯水。相对于皂化水清洗工艺，净水清洗主要适用于采用水溶性助焊剂进行焊接的印制电路组件。这种清洗方法非常简单，其工艺流程图如图 5.30 所示。

图 5.30　净水清洗工艺流程图

净水清洗工艺操作简单，成本低，但水溶性助焊剂质量不够稳定，工艺不易控制，在实际生产中使用较少。

3）半水清洗法

① 半水清洗的原理。半水清洗是介于溶剂清洗和水清洗工艺之

间的一种清洗方法，即先用溶剂清洗组件，再用水进行漂洗，最后烘干清洗的组件。半水清洗剂是其中的关键，其既能溶解松香，又能溶解在水中。清洗时，它首先快速地溶解组件上的松香残余物，然后再用水清洗组件，溶剂又与水互溶，此时松香残余物就会脱离组件而浮在水中，实现去除污染物的目的。

② 半水清洗技术的特点。半水清洗先用萜烯类或其他半水清洗溶剂清洗焊接好的表面组装组件，然后再用去离子水漂洗。采用萜烯类半水清洗溶剂的半水清洗工艺流程如图 5.31 所示。

图 5.31　半水清洗工艺流程图

由于萜烯类半水清洗溶剂对电路组件有轻微的副作用，所以溶剂清洗后必须用去离子水漂洗。可以采用流动的去离子水漂洗，也可以采用蒸气喷淋漂洗工艺。在实际应用中，应根据需要选用不同的半水清洗溶剂和相应的工艺和设备。然而，不论采用哪种清洗溶剂和工艺，废渣和废水的处理是半水清洗中的一个重要环节，要使排放物符合环保的规定要求。另外，由于半水清洗中的溶剂价格比较贵，故在“去离子水冲洗”步骤后采用溶剂与水的分离技术将溶剂提取出来，实现溶剂的循环使用。

4）各种清洗方法的性能对比

几种清洗方法的性能比较如表 5.5 所示。

表 5-5　几种清洗方法的性能比较

清洗方法	优点	缺点
传统 CFC 清洗	①现有配方 ②用户熟悉的蒸气清洗 ③适合小批量清洗系统 ④产品呈干燥性 ⑤与产品、元件有良好的相容性 ⑥无易燃危险、低毒	①消耗臭氧 ②使全球气候变暖 ③易挥发性有机化合物 ④短期方法，很快会被废止

续表

清洗方法	优点	缺点
HCFC清洗	①接近于CFC配方 ②产品呈干燥性 ③与产品、元件有良好的相容性 ④无易燃危险、低毒	①易挥发性有机化合物 ②缺少使用经验 ③消耗臭氧，同样会被废止
水清洗	①有广泛的使用经验 ②适用于批量和在线系统 ③较高的活性，增强了工艺灵活性 ④既可选用水溶性助焊剂，又可选用皂化的松香助焊剂 ⑤无易燃危险、低毒 ⑥排出物可以实现天然降解	①由热风烘干，耗能 ②对SMT组件需采用高压喷射 ③批量系统中，高压喷射较困难 ④必须软化水 ⑤对水的纯度要求很高 ⑥具有污水处理问题
半水清洗	①对松香助焊剂有很好的溶解力 ②当溶剂变脏时，溶解力保持不变 ③适合于批量和在线系统 ④低毒 ⑤有利于环境保护	①要求烘干组件，能源昂贵 ②对SMT组件需要喷射清洗 ③有易燃的可能 ④离子溶解力较低 ⑤有异味 ⑥具有污水处理问题

5.2.4.3 清洗设备

对电子产品进行清洗时，除了需要使用合适的清洗剂进行化学清洗外，最关键也很重要的一点就是必须采用某种合适的物理清洗方法，采用合适的清洗设备，才能取得最优化的清洗效果，得到环保节能的清洗解决方案。

1）SMT模板清洗机

SMT模板清洗机是为了符合日常SMT模板清洗的需求，甚至包括无框模板及塑胶模板的清洗需求，而设计的高效清洗设备，可高效清洗模板微细间距开口（≤0.1mm）及各种无铅锡膏。如图5.32所示，模板浸没在清洗剂中，通过垂直方向超声波的作用，可以有效地在几分钟内清洗干净。通过嵌套的过滤器可以不断地过滤污物以使清洗剂保持在高质量的清洗状态。SMT模板清洗机由于使用的清洗剂无闪点，低 VOC 含量，并且可以高效分离锡膏、SMT 胶及助焊剂残留，加之清洗剂本身与设备配套的可循环过滤的特点，能满足当前对清洗工艺经济性及环保性的需求。

图 5.32 SMT 模板清洗机

2）回转喷淋清洗机

回转喷淋清洗机如图 5.33 所示，在运行中工件随清洗篮旋转，同时喷淋系统在密闭的腔室里，高压喷射加温的清洗液，可以使工件无死角全方位得到清洗，大流量风机可将工件快速吹干；该清洗机特

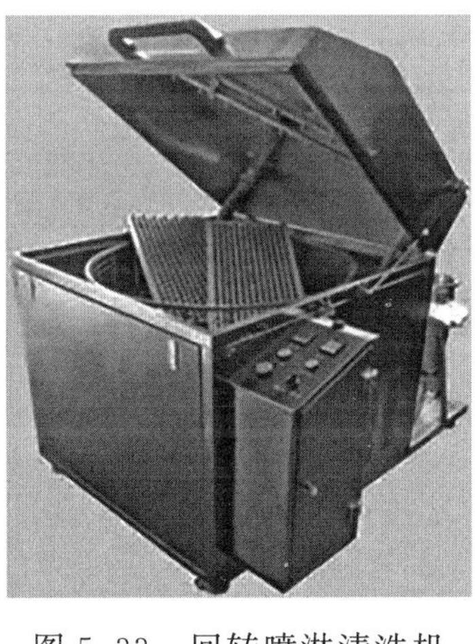

图 5.33 回转喷淋清洗机

别适用于 SMT 设备维护清洗、波峰焊及回流焊夹具等清洗。

3）通过式毛刷清洗机

通过式毛刷清洗机如图 5.34 所示。通过式毛刷清洗机是专为波峰焊后助焊剂清除设计的，代替人工刷洗。通过式毛刷清洗机将 PCBA 传输和毛刷清洗及水基清洗技术相结合，根据要求可选径向及轴向清洗方式，经过多道刷洗的流程，能高效清除焊后 PCB 上的助焊剂；不会润湿正面元器件，可接入波峰焊后，实现全自动在线清洗。PCBA 通过式毛刷清洗机结构如图 5.35 所示。

图 5.34　通过式毛刷清洗机

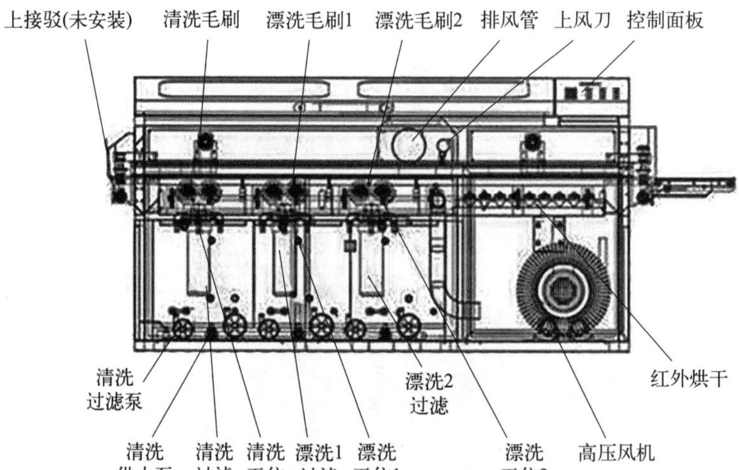

图 5.35　PCBA 通过式毛刷清洗机结构图

通过式毛刷清洗机清洗 PCB 的工艺为：毛刷清洗→风切→毛刷漂洗→毛刷二次漂洗→风切→远红外烘干。

（1）毛刷清洗　PCB 在传输机构上匀速连续行进，首先进入毛刷清洗工位，此工位的循环过滤系统不断把过滤后的清洗液喷射到盘形毛刷的上端面，PCB 经过此工位的毛刷时，不断旋转的毛刷会对 PCB 进行双向刷洗，同时在清洗液的作用下，PCB 可以得到初步清洗。

（2）一次风切　在毛刷清洗工位和毛刷漂洗工位之间有上下两排风刀，当 PCB 经过时，其表面多余的清洗液就被吹掉，可以防止串液，同时可以保证正面元器件不被润湿。

（3）毛刷漂洗　在毛刷漂洗工位，此工位将去离子水喷射到盘形毛刷的上端面，PCB 经过此工位的毛刷时，不断旋转的毛刷会对 PCB 进行双向刷洗，PCB 得到初步漂洗。

（4）毛刷二次漂洗　在毛刷二次漂洗工位，此工位把过滤后的去离子水喷射到盘形毛刷的上端面，PCB 经过此工位的毛刷时，不断旋转的毛刷会对 PCB 进行双向刷洗，PCB 得到最彻底的漂洗。

（5）二次风切　在毛刷二次漂洗工位和热风烘干工位之间有上下两排风刀，当 PCB 经过时，其表面多余的去离子水就被吹掉，可以提高后续的烘干效率，同时可以保证正面元器件不被润湿。

（6）远红外烘干　PCB 经过烘干工位时，利用远红外石英加热管，可以使 PCB 得到高效快速烘干；烘干完成后，PCB 通过传输机构，输送到后续加工设备。

毛刷清洗和漂洗工位均配备了循环过滤系统，如图 5.36 所示，通过内部嵌套的自动循环两级过滤装置，可以不断地过滤清洗下来的污物，使液体始终保持在高水平的活性状态，这样不但保证了工作介

图 5.36　毛刷清洗和漂洗工位、循环过滤系统及远红外烘干工位

质拥有高清洗负载能力，而且系统整体能耗低，起到节能、环保和降低运行成本的作用；PID 温控系统和高精度控制液体温度，使其保持稳定的活性度，实现清洗工艺的稳定性；液位控制器实现低液位报警。

通过式毛刷清洗机整体使用 PLC 控制，触摸屏显示，实现全自动和手动两种操作模式；PCB 传输机构运行平稳可靠，速度无级可调，保证与生产线完全协调；轴向盘形毛刷可对 PCB 进行双向刷洗，保证清洗无死角；特别适合焊后 PCB 底面清洗，不润湿正面元器件；也适合板片类零件清洗。

4）模块化清洗设备

模块化清洗设备如图 5.37 所示，是为了满足客户清洗产品种类多和工序多变等特点开发的模块化清洗单元，主要有超声波模块、喷淋模块、喷流模块、鼓泡模块以及烘干模块。可以根据客户具体的工艺流程组合各种功能单元，以达到完美的清洗效果。它主要针对电子器件、电路板和电子产品零配件上残留的助焊剂、灰尘、油污、焊锡膏和贴片胶等的清洗。模块化清洗设备的原理图如图 5.38 所示。

图 5.37　模块化清洗设备

5.2.4.4　清洗效果评估方法

目前常用的组件洁净度检测方法主要有目测法、溶液萃取的电阻率检测法及表面污染物的离子检测法。

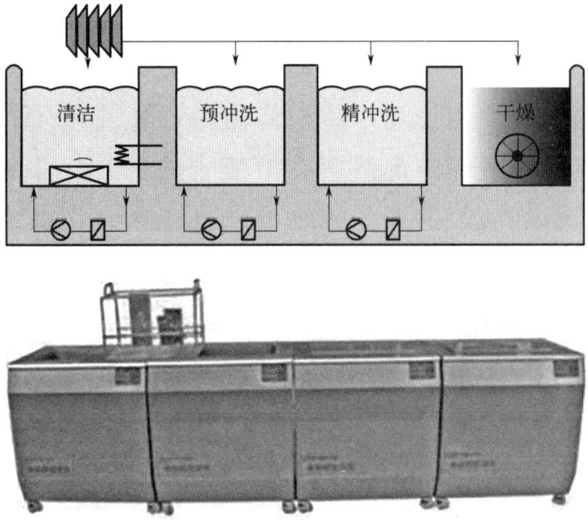

图 5.38　模块化清洗设备的原理图

1）目测法

目测法是借助光学显微镜的定性检测，其具体方法是：对清洗后的组件采用 5～10 倍的放大镜进行检查，观察组件表面特别是焊点四周是否有助焊剂残余物和其他污染物的痕迹。这种方法虽然简单易行，但无法检查元器件底部的污染情况，使用范围有限。

2）溶液萃取的电阻率检测法

电阻率检测法是对印制电路组件洁净度检测常用的方法之一，其原理为：用一种特制溶液冲洗待检测的印制板组件，如组件含有污染物，则冲洗过组件的溶液（收集液）因溶入了组件上的污染物而使其电阻率比溶液原始电阻率有所降低。下降的幅度与组件上污染物的数量成正比，从而可定量测出组件的洁净度，这一检测结果对衡量组件在服役后的电气可靠性具有重要意义。

3）表面污染物的离子检测法

离子检测法又称离子污染度检测法，是衡量在已清洗过的组件上剩余的离子污染程度的方法。

这类测试方法的原理是：异丙醇和去离子水组成的测试溶液具有很低的导电率，将被测试组件浸没在测试溶液中之后，这种混合溶液溶解的表面极性污染物，将引起溶液导电率的增加，由仪器记录的导电率的变化将反映出溶解在溶液中的极性污染物的量值。由于溶液的导电率是溶解的离子浓度的线性函数，因此它比电阻率更容易解释。

5.2.5 检测

随着 SMT 的发展和组装密度的提高，PCB 组件的可靠性和高质量将直接关系到该电子产品是否具有高可靠性和高质量。先进的 SMT 检测可以将有关问题消除在出厂前。

SMT 检测方法的分类如图 5.39 所示，常用的检测是视觉检测（Visual Inspection）和在线测试。视觉检测主要包括自动光学检测（AOI，Automatic Optical Inspection）和自动 X 射线检测（AXI，Automatic X-ray Inspection）。在线测试主要包括针床式在线测试和飞针式在线测试。

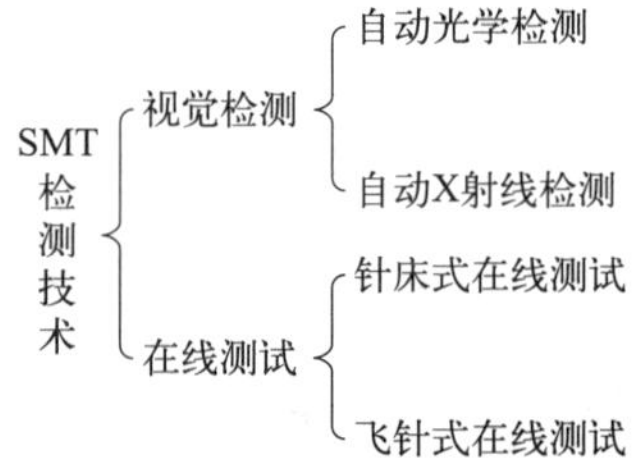

图 5.39　SMT 检测方法的分类

5.2.5.1 视觉检测

1）自动光学检测 AOI

（1）自动光学检测工作原理

AOI 系统分析并处理 CAM 文件中的标准图像信息，控制设备的光学成像部件，将 PCB 板实物通过光学扫描的方式在计算机内部产生实物的扫描图像，并将标准图像与实物扫描图像通过各种对比逻辑算法进行分析、判断、分类和过滤，最终将实物 PCB 板的各种缺陷信息数据回馈给用户。

AOI 流程图如图 5.40 所示，检测时，AOI 设备通过摄像头自动扫描 PCB，将 PCB 上的元器件或者特征（包括印刷的焊膏、贴片元器件的状态、焊点形态及缺陷等）捕捉成像，通过软件处理与数据库中合格的参数进行综合比较，判断元器件及其特征是否合格，然后得出检测结论，诸如元器件缺失、桥接或者焊点质量等问题。

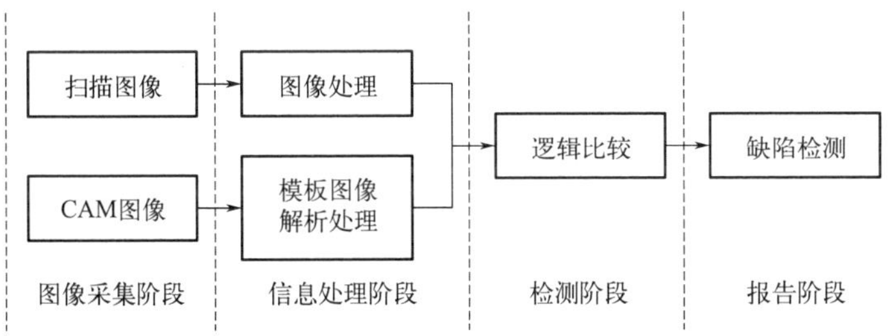

图 5.40　AOI 工作流程图

（2）自动光学检测系统组成

AOI 系统是集精密机械、自动控制、光学图像处理、软件系统等软硬件相互协调工作的自动化设备，具体包含四大模块：精密机械驱动模块、电气控制模块、图像处理模块和软件系统。

① 精密机械系统　AOI 的精密机械系统通常由交流伺服驱动电机、精密滚珠丝杆、精密直线导轨等组成。系统驱动软件会准确通过这些精密机械的运动，使 PCB 板传送到 CCD 及光源下进行扫描。有些公司已经采用线性马达替代了交流伺服驱动电机和精密滚珠丝杆，这样扫描速度及效率大大提高，并且便于维修服务。

② 自动控制系统　AOI 的自动控制系统通常由光栅尺、运动控制驱动器、运动控制卡、图像采集卡、主控计算机、I/O 卡等组成。它主要是完成 *XYZ* 轴的精密运动以及电磁阀自动控制。主控计算机是整个系统的核心，实现整机数据的采集、传送、分析、处理等，并发送各种控制指令，完成机械传动、图像处理及检测功能。运动控制

卡完成 XYZ 轴运动信号的采集，传送各种运动数据、动作执行指令等功能。图像采集卡主要是完成 PCB 板的图像采集转化。

③ 光学图像系统　AOI 的光学图像系统通常由 CCD 线阵相机、聚集镜头、卤素或 LED 灯光源及图像采集卡等组成。根据所扫描的 PCB 板的线宽不同，CCD 线阵相机通常有 4k、8k、12k 等。CCD 线阵相机所采集的视频图像信号传送到图像采集卡上，由图像采集卡进行采集，通过主控计算机将视频图像处理后，将结果返回给主控程序，通过显示器对图像进行观察比较从而达到相应的控制。

④ 软件系统　AOI 的软件系统通常由运动控制、图像处理及算法三大部分组成。用户可以通过视窗界面控制 XYZ 轴运动、图像的识别及处理等。AOI 的软件系统的算法采用设计规则检验（DRC，Design Rule Checking）和图形识别两种方法。

· 设计规则检验 DRC 法按照一些给定的规则（如所有连线应以焊点为端点，所有引线宽度不小于 0.127mm，所有引线之间的间隔不小于 0.102mm 等）检查电路图形。这种方法可以从算法上保证被检验电路的正确性，同时具有制造容易、算法逻辑容易、处理速度快、程序编辑量小、数据占用空间小等特点，为此采用该检验方法较多。但是，该方法确定边界的能力较差。

· 图形识别法是按照事先设计好的计算机程序，将实际图像与存储好的数字化图像进行比较。精度取决于分辨率和所用检查程序，一般与电子测试系统相同，但是采集的数据量大，数据实时处理要求高。然而，由于图形识别法用实际设计数据代替 DRC 中既定的设计原则，因而具有明显的优越性。

(3) 自动光学检测系统在 SMT 生产上的应用

AOI 可放置在印刷后、焊前、焊后不同位置处。

① AOI 放置在印刷后。可对焊膏的印刷质量做工序检测。可检测焊膏量是否适当、焊膏图形的位置有无偏移、焊膏图形之间有无粘连。

② AOI 放置在贴片机后、焊接前。可对贴片质量做工序检测。可检测元件贴错、元件移位、元件贴反（如电阻翻面）、元件侧立、

元件丢失、极性错误及贴片压力过大造成焊膏图形之间粘连等。

③ AOI放置在再流焊炉后。可做焊接质量检测。可检测元件贴错、元件移位、元件贴反（如电阻翻面）、元件丢失、极性错误、焊点润湿度、焊锡量过多、焊锡量过少、漏焊、虚焊、桥接、焊球（引脚之间的焊球）、元件翘起（立碑）等焊接缺陷。

（4）自动光学检测系统特点

① 优点。AOI系统最大的优点是极短的测试程序开发时间和灵活性。现在的AOI系统采用了高级的视觉系统、新型的给光方式、增加的放大倍数和复杂的算法，从而能够以高测试速度获得高缺陷捕捉率。AOI除了能检查出目检无法查出的缺陷外，AOI还能把生产过程中各工序的工作质量以及出现缺陷的类型等情况收集、反馈回来，供工艺控制人员分析和管理。

从检测产品的角度，AOI适用于采用高密度PCB，如5mil线距，小间距如0.4mm芯片和小尺寸元器件如0402、0201规格的产品，典型的大批量产品有手机、笔记本电脑、汽车电子产品等。当电子产品的高密度、小型化成为发展趋势时，AOI应用将越来越广泛。

② 缺点。AOI系统最大缺点是只能做外观检测，不能检测隐含的焊点，如无法对BGA、CSP、PLCC、FC等不可见的焊点进行检测；AOI也不具备电路逻辑判断能力；AOI对于空焊和同类组件的错件的检测是其弱项。

2）自动X射线检测AXI

（1）自动X射线检测原理

X射线的波长很短，范围约为0.01～10nm。故X射线能穿透多种不透明的物质甚至各类金属等。物体对X射线的吸收与材料性质及厚度有关。当被检测的器件中存在着气孔、裂纹等缺陷时，相当于此缺陷部位的厚度减小，对X射线的吸收能力降低，因此穿透该缺陷部位后的X射线强度会比无缺陷的部位高。另外在被检测器件中若存在夹杂等缺陷，若夹杂物材料与基体材料对X射线的吸收系数不同，则透过物体夹杂物与透过基体的 X 射线强度也会不同。X 射线从 X 光管中发出后，照射到被检测物体上，由于被检测物体各个部位材料性质及厚度不同，经过被检测物体之后的 X 射线强度也相应改变。

自动 X 射线检测（AXI，Automatic X-ray Inspection）的原理图如图 5.41 所示，X 射线穿过被检测物体后，打到图像探测器上，经过图像探测器转化为电信号，再通过 A/D 转换成为数字信号，传输到计算机中，然后用软件对数字信号进行分析、处理，从中找出缺陷。自动 X 射线检测焊点成像如图 5.42 所示。

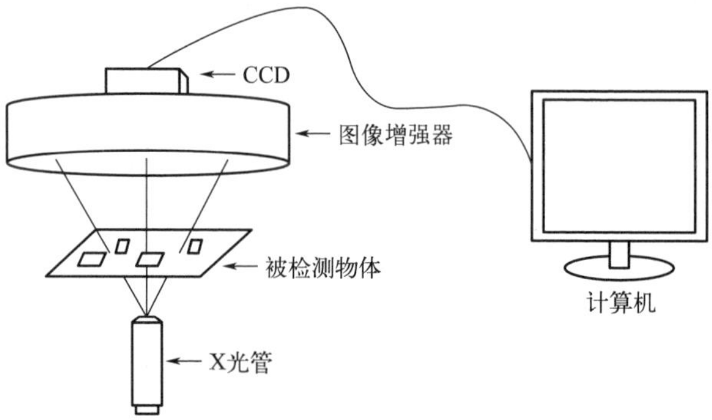

图 5.41　AXI 的原理图

图 5.42　AXI 焊点成像图

我们使用AXI成像，对焊点的分析变得相当直观，通过简单的图像分析算法便可自动且可靠地检测焊点缺陷，常见的自动X射线检测的不良现象如表5.6所示。

表5.6　不良现象

AXI成像图	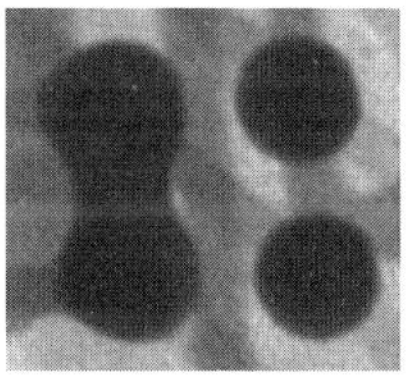	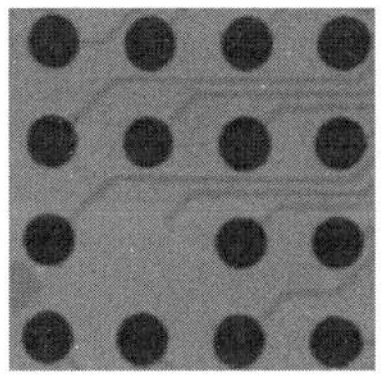	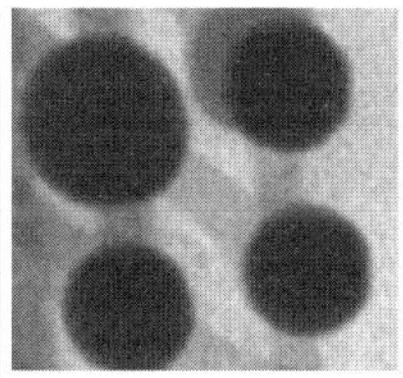	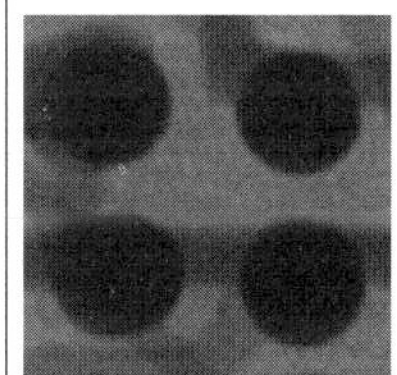
AXI检测不良现象	桥连	缺球	焊球过大	焊球形状不规则

AXI技术已从以往的2D检测法发展到目前的3D检测法，3D检测法成像比2D检测法成像更直观，如图5.43所示。

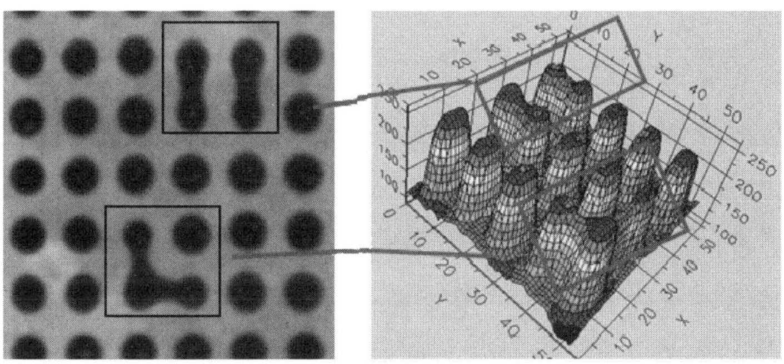

(a) 桥连

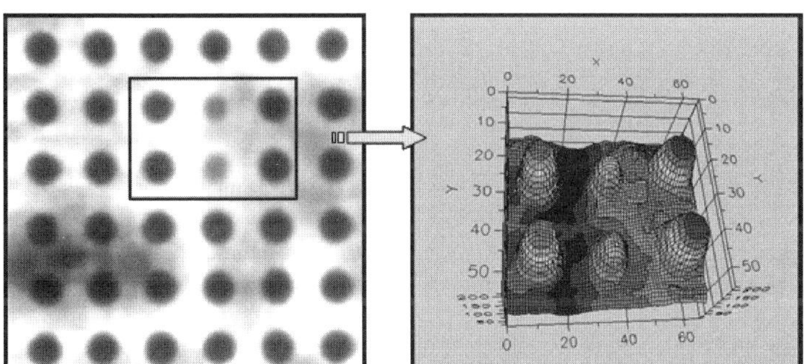

(b) 漏焊

图5.43

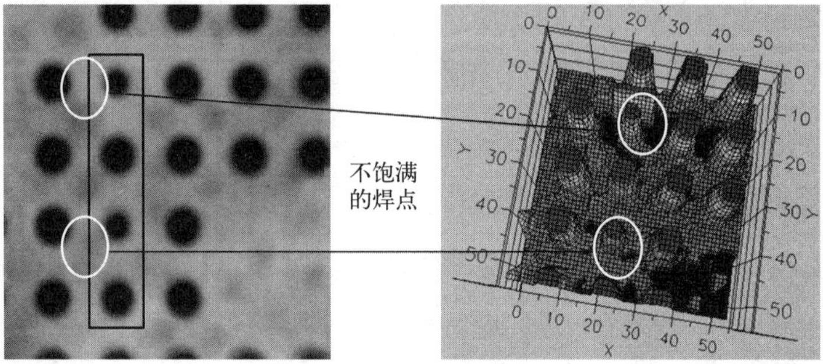

(c) 焊点不充分饱满

图 5.43　3D 检测法成像

(2) 自动 X 射线检测的特点

① 对工艺缺陷的覆盖率高，可检测的缺陷包括：虚焊、桥连、立碑、焊料不足、气孔及器件漏装等。

② 较高的检测覆盖度，可以对肉眼和在线测试检查不到的地方进行检查。比如对 BGA、CSP 等器件的隐藏焊点以及 PCB 内层走线断裂的检测。

③ 测试的准备时间短。

④ 能观察到其他测试手段无法可靠探测到的缺陷，如虚焊、空气孔和成型不良等。

⑤ 对双面板和多层板只需一次检查（带分层功能）。

⑥ 提供相关测量信息，用来对生产工艺过程进行评估。

⑦ AXI 技术也有局限性，即不能测试电路电气性能方面的缺陷和故障。

3) 自动光学检测和自动 X 射线检测结合应用

X 射线检测通常用在 AOI 检测不到的元器件，如 BGA 器件和嵌入式元件。通常一块 PCB 板上的绝大多数元器件的焊点都能用 AOI 检测，而 AOI 检测不到焊点的元器件可能只有几个，这些 BGA 器件和嵌入式元件的焊点就必须用 X 射线检测了。

现在 BGA 的应用越来越多，市场对 BGA 的检测要求也越来越高，甚至要求 100%检测，但是目前在 PCB 的组装厂用的都是离线 X

射线检测，很少用到在线X射线检测，主要原因是在线X射线检测设备的价格较高，检测缺陷的能力较差，误判很多而且检测速度比较慢。

目前市场上也有一些测试机同时拥有AXI和AOI的功能，这种设备提升了检测速度，降低了误判率，提高了焊点缺陷判断能力，并且实现了在线检测，还节省了空间，缩短了生产线长度。

5.2.5.2 在线测试

在线测试（ICT，In-Circuit Test），是通过对在线元器件的电性能和电气连接进行测试来检查生产制造中的缺陷及元器件不良的一种标准测试手段。在线测试通过测试探针接触电路板表面分布的测试点来检测线路性能及所有零件的焊接情况，测试系统依据电路板的网络及印制板的设计文件，调用系统宏，生成测试程序，通过施加微弱的电信号，对电路板在线的单个元器件以及各电路网络进行系统测试的方法。

在线测试可以理解为是万用表的延伸，万用表一次只能测元器件的两个管脚，效率低，在线测试一次可以测几百至几千个管脚的设备。此外在线测试主机的配用电脑还可以完成测试出问题的统计和归类的功能。

在线测试技术可以检查制成板上在线元器件的电气性能和电路网络的连接情况，并且它具有电路隔离功能，能够定量地对电阻、电容、电感、晶振等器件进行测量，对二极管、三极管、变压器、继电器、运算放大器、电源模块等进行自动测试，对中小规模的集成电路进行功能测试。元件类可检查出元件值的超差、失效或损坏等；对工艺类可检测出如焊接短路开路，元件插错、插反、漏装、管脚翘起、虚焊、PCB短路、断线等故障。测试的故障直接定位在具体的元件、器件管脚、网络点上，故障定位准确，并将故障是哪个组件或开短路位于哪个点通过打印机或屏幕准确显示，能够快速维修不良品，采用程序控制的自动化测试操作简单，测试快捷迅速，单板的测试时间一般在几秒至几十秒，能高效地发现制造工艺的缺陷和元器件的不良。

在线测试技术主要有包含针床式在线测试技术和飞针式在线测试技术。

1）针床式在线测试技术

针床式在线测试借助针床夹具进行，被测 PCB 置于夹具内，由测试程序控制继电器矩阵的切换，利用真空吸附产生压力使夹具的弹簧顶针接触 PCB 测试点，并通过测试台内部的模拟开关网络连接测试系统，完成检测。针床探针数可高达几千根，基本上所有节点均可通过针床连接，测试时间只取决于继电器闭合、断开时间，能有效适应大批量和定型产品的运转节奏。针床式在线测试的探针间距有 50mil、75mil、100mil 等，头型有尖、平、棱、冠、圆等，一般直径越小，针床的成本也越高。

如图 5.44 所示为一种用于双面测试的针床式在线测试仪，主要由控制系统、测量驱动及上、下测试针床（夹具）等部分构成。目前主要的厂家有安捷伦、泰瑞达、安硕等品牌。

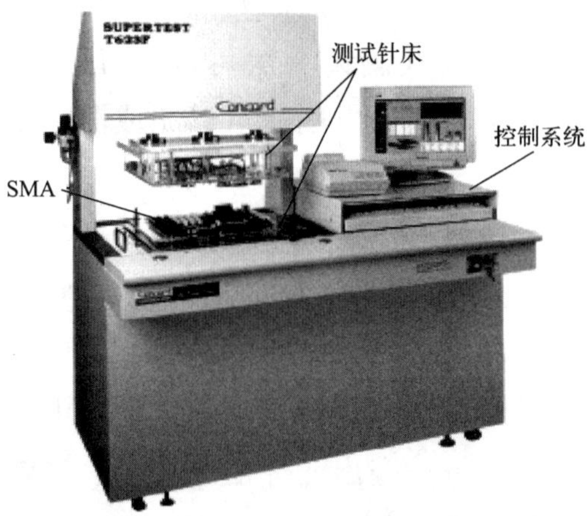

图 5.44　针床式在线测试仪

针床式在线测试可以准确定位 PCB 的器件和工艺故障，具有极高的故障覆盖率，主要应用于前期产品测试和后期故障检测，尤其擅长对器件封装、焊接工艺和总线连接等疑难故障的检测。针床探针数可高达几千根，基本上所有节点都可以通过针床连接，治具只需接触印制板一次就可以完成全部检测，因此测试时间只取决于继电器吸合及断开时间，测试速度快，适用于大批量和定型产品的生产，能极大地提高生产效率，降低成本。

针床式在线测试也有不足之处。

① 针床夹具因为开发、制作和造价等问题，仅适合大批量和已经定型的印制板生产，不适合小批量多品种的产品生产，且具有一定使用生命周期，应用范围有限；

② 针床夹具探针的布局完全取决于印制板的设计，因此对于不同的产品必须分别制作针床夹具，编程调试周期长，投资较高。

2）飞针式在线测试技术

（1）飞针在线测试技术原理　飞针在线测试也是一种用于生产过程的在线电性能测试技术，飞针在线测试仪的组成结构如图 5.45 所示，采用少量可移动的探针代替针床，探针由步进电机控制，可实现高速移动和精确定位，测试探针连接至测量单元。飞针式在线测试仪通常拥有 4～8 根探针，分布在板子的上下两侧，电机控制探针进行空间的三轴位移，将探针精确高速移动到测试点进行测试，目前的光栅尺可将位移坐标精确到微米级别。工作时通过探针接触被测电路的焊盘、器件引脚或接口，来对被测单元上的元件进行多种电气测量。

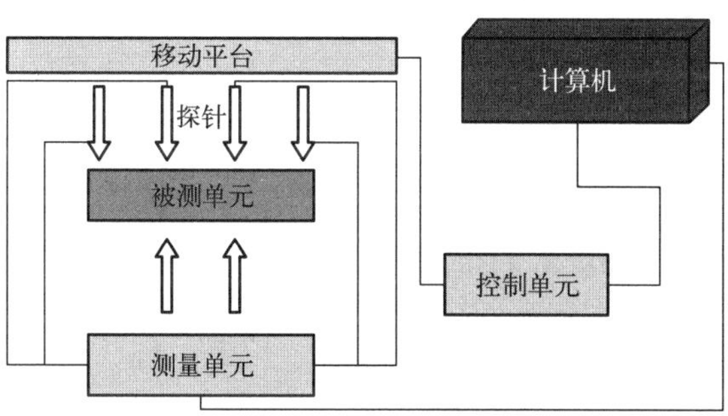

图 5.45　飞针在线测试仪组成结构图

典型的飞针式在线测试仪如图 5.46 所示，飞针在线测试工作图如图 5.47 所示。测试作业时，根据预先编排的坐标位置程序，移动测试探针到测试点处与之接触，各测试探针根据测试程序对装配的元器件进行开/短路测试或元件测试。

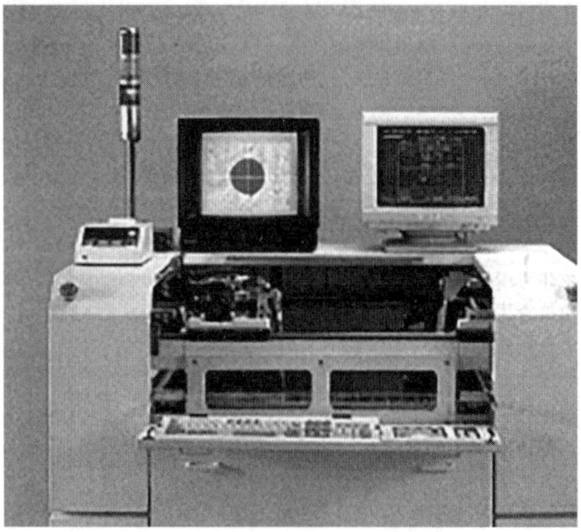

图 5.46　飞针式在线测试仪

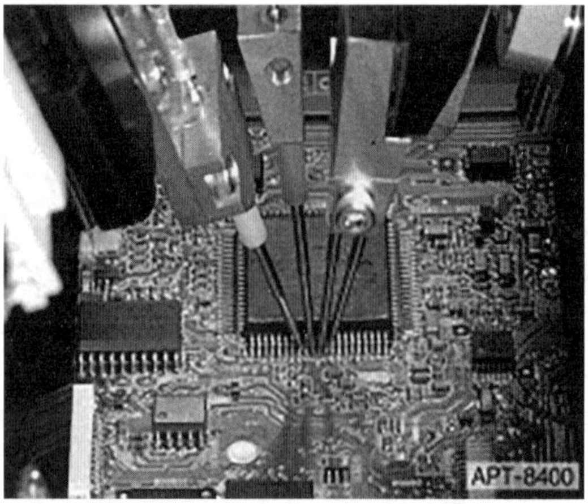

图 5.47　飞针在线测试工作图

飞针式测试仪上安装有多根针，每根针都安装在适当的角度上，不会发生测试死角现象，能进行全方位角测试。因此，采用飞针式测试仪能大幅度地提高不良检出率。

(2) 飞针在线测试技术特点　飞针在线测试的测试效率低于针床在线测试，但飞针在线测试系统与针床在线测试相比，具有快速性、经济性、灵活性等优势。

① 快速性。飞针在线测试不需要花费时间去开发针床夹具，只

需要几个小时的编程就可以完成测试，这样大大缩短测试周期，具有快速性。

② 经济性。针床在线测试所使用的测试探针受到 PCB 板焊盘间距越来越小的限制，用来测试的探针直径也越来越细。探针直径越细，价格越贵。另外，针对每种 PCB 板都要开发专用的针床，通用性差，增加了测试成本。而飞针在线测试不受 PCB 种类的限制，针对每种 PCB 板只需编制特定的测试软件即可，具有经济性。对于某些产品批量小、种类多的企业，如果针对每种电路板开发专用的针床，那针床数量之大、品种之多、成本之高可想而知。另外，针对某些研制阶段的电路板，因其电路板状态更改频繁，如果使用针床，势必造成大量浪费，即只使用几次便报废。

③ 灵活性。随着 PCB 板密度越来越高，导通孔孔径、焊盘越来越小，随着 BGA 的 I/O 数不断增加，针床在线测试越来越不能够满足测试需求。受制于焊点间距的约束，对于一些高密度的 PCB 板，针床在线测试的覆盖率只能达到 60%～70%，而飞针在线测试系统是根据 PCB 板的网络逻辑关系，利用可任意移动的探针来进行测试，且其探针存在一定角度，测试覆盖率能达到 90%以上，灵活性高。

（3）飞针在线测试技术发展方向　飞针在线测试技术自问世以来，自身也在不断发展变化，不断改善自身缺点，在测试效率、测试精度、测试功能多样性等方面均有了很大进步，而其发展方向主要有以下几个方面。

① 探针软着陆。因为测试探针与通路孔和测试焊盘上的焊锡发生物理接触，可能会在焊点上留下小凹坑。而对于某些客户来说，这些小凹坑可能会被认为是外观缺陷，造成拒绝接收。不过目前已经有一些飞针在线测试设备厂商研发出新技术，采用“软着陆”，即可避免在焊锡上留下明显凹坑。测试探针的控制系统采用软着陆方式，即在测试探针与测试点接触之前瞬间降速，把冲击减少到最低限度。

② 单面测试过渡到双面测试。传统的飞针在线测试机一般采用单面测试，即飞针只位于被测电路板的一侧，在进行电路板测试时，要求操作员测试完一面，然后手动翻转电路板再测试另一面，这样大

大降低了测试效率。目前，大部分的飞针在线测试厂家都能实现双面测试，即被测电路板的两侧均有飞行探针，可同时对电路板的双面进行并行测试，有效地减少了测试所需的移动步数，大大提高测试效率和覆盖率。

③ 功能多样化。传统的飞针在线测试主要是为测试裸板而设计，只能进行开路、短路、绝缘性等测试，功能相对单一，随着飞针在线测试技术的发展，飞针在线测试系统的功能也越来越强大。一台高端的飞针在线测试系统上集成了开路短路测试、元件值测量、IC 引脚开路测试（非接触式感应探针）、在线烧录功能、网络节点阻抗测试、电路反求功能、自动光学检测、边界扫描技术等等功能。某些飞针在线测试系统软件内集成了强大的元器件库，除了能对元器件静态特性进行测量外，还能进行动态测量，如芯片逻辑等，对于电路板上存在的元器件故障，这是一个非常有用的故障定位手段。

④ 传动技术的发展。传统的飞针在线测试仪一般采用步进电机加丝杆的传动技术，随着使用时间的延长，势必造成机械磨损，导致测试精度下降。而目前已有厂家采用了线性马达传动技术，线性马达有着更高的精度和效率。有些飞针在线测试厂家甚至将基于线性电机的磁悬浮技术应用到飞针在线测试系统中，即探针的移动采用平面电机磁悬浮技术，从而为飞针在线测试系统带来更快的运行速度、更小的机械磨损、更长的使用寿命、更高的测试精准度。

⑤ 信息处理技术的发展。飞针在线测试仪的测试探针通过多路传输系统连接到驱动器和传感器，用来测试在测单元上的元件，每根飞针上都连接着各式电缆，这些电缆的存在势必带来信号衰减和干扰等问题，对某些精度要求较高的信号，很可能影响测试结果，导致飞针在线测试系统误测率升高。目前已有飞针在线测试厂家采取在每个飞针上安装小型的信号输出和测量模块，其好处为不需要冗长的电缆连接，可通过安装在飞针上的信号输出和测量模块直接给出激励信号和进行测量，信号更完整真实，从而保证更高的测试精度。

⑥ 飞针与针床结合的技术。对于一些元器件布置密度高、层数多、布线密度大、测试点距离小，且要求较高的测试效率的 PCB 板，

如果单纯使用针床，因为受到焊点间距的限制，其测试覆盖率势必会降低，而如果单纯使用飞针测试，测试效率又不如针床测试高。因此某些飞针厂家着力研究飞针与针床相结合的技术，这种飞针在线测试系统一般采用卧式结构，顶部使用可移动的探针进行测试，底部使用针床或磁性探针（不可移动）进行测试，保证测试覆盖率的同时追求更高的测试效率。

5.3 表面组装工艺流程及总装包装

5.3.1 表面组装工艺流程

表面组装工艺流程大体上可分成单面贴装、单面混装、双面贴装和双面混装四种类型。

1）单面贴装

单面贴装是指元器件全为贴装元器件，并且元器件都在 PCB 板的一面的组装，其主要的流程为：印刷焊膏→贴片→再流焊→清洗测试，其主要步骤如图 5.48 所示。

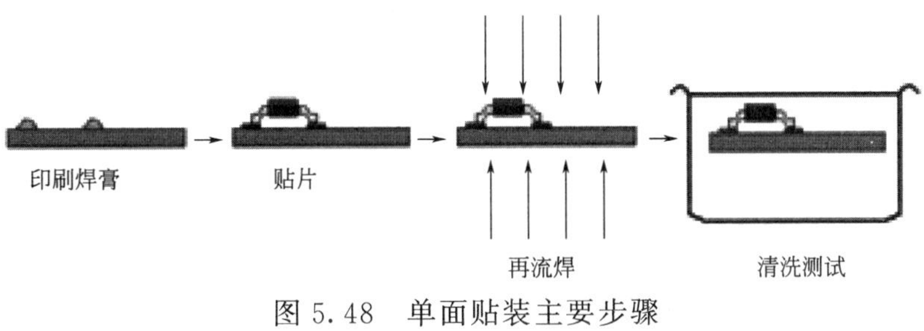

图 5.48 单面贴装主要步骤

2）单面混装

单面混装是指元器件既有贴装元器件，也有插装元器件，并且元器件都在 PCB 板的一面进行组装，混装电路板的组装通常先做贴装再做插装，其主要的流程为：印刷焊膏→贴片→再流焊→插件→波峰焊→清洗测试，其主要步骤如图 5.49 所示。

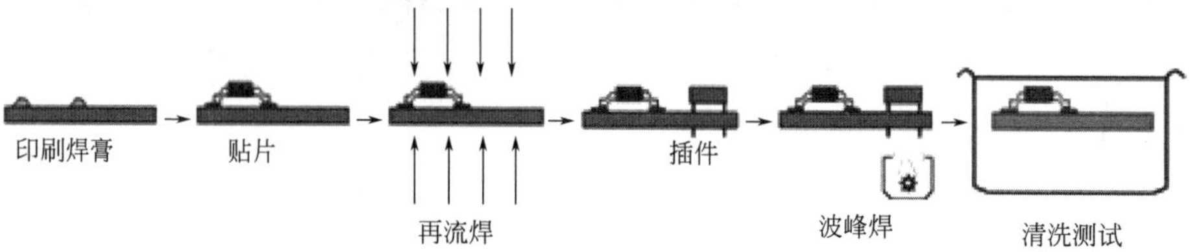

图 5.49　单面混装主要步骤

3）双面贴装

双面贴装是指元器件全为贴装元器件，并且元器件分布在 PCB 板的两面进行组装，其主要的流程为：PCB 的 A 面印刷焊膏→贴片→A 面再流焊→翻板→PCB 的 B 面印刷焊膏→贴片→再流焊→清洗测试，其主要步骤如图 5.50 所示。

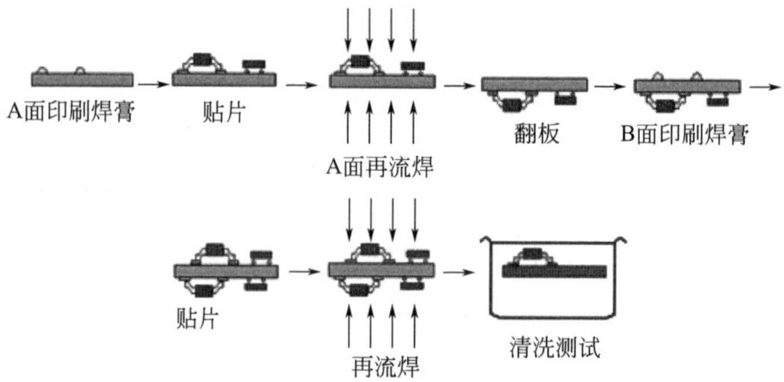

图 5.50　双面贴装主要步骤

4）双面混装

双面混装是指元器件既有贴装元器件，也有插装元器件，并且元器件分布在 PCB 板的两面进行组装，其工艺主要的流程为：PCB 的 A 面印刷焊膏→贴片、固化→再流焊→插件、引脚打弯→翻板→PCB 的 B 面点贴片胶→贴片→翻板→波峰焊→清洗测试，其主要步骤如图 5.51 所示。

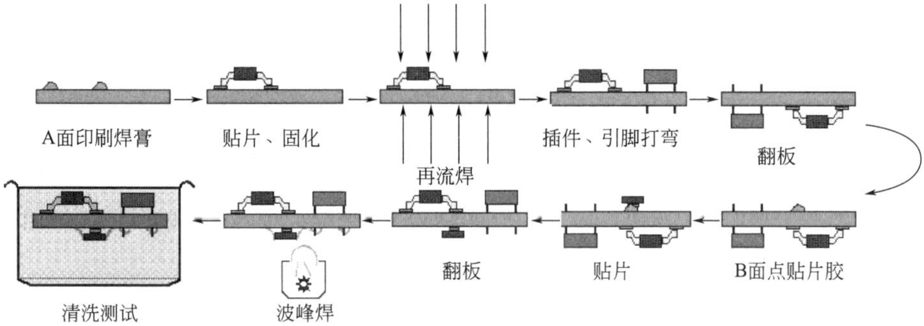

图 5.51 双面混装主要步骤

5.3.2 总装包装

电子产品的总装是把经过表面组装工艺后的半成品，以及其他部件装配成主机的过程。以手机总装为例，就是将手机主板、外壳、显示屏、电池等装配成手机的过程。

电子产品出厂前最后要进行包装，包装主要包含以下步骤。

（1）贴产品标签、出厂合格标签等。

（2）将主机、附件、说明书、保修卡等装入小包装盒。

（3）将小包装封口装入大包装箱中。

（4）大包装箱封口，贴标签，放入成品库。

5.4 返修

5.4.1 返修概述

返修是电子产品生产组装过程中不可缺少的工艺过程，电子产品组装焊接完成后会遇到各种问题，比如元器件故障、焊接错误等，就需要进行返修。返修通常是为了去除失去功能、引线损坏或排列错误的元器件，重新更换新的元器件，就是使不合格的电路组件恢复成与特定要求相一致的合格的电路组件。

5.4.1.1 电子产品故障规律

研究电子产品故障出现的客观规律，分析电子产品发生故障的原因，可进一步提高电子产品的可靠性和可维修性。每一种产品出现故障虽然是随机事件，但是大量产品的故障却呈现出一定的规律性。电子产品的故障率随时的发展变化大致可分为三个阶段。

1）早期故障期

早期故障出现在产品开始工作的初期，这一阶段称为早期故障期。

2）偶然故障期

偶然故障期出现在早期故障期之后，此阶段为电子设备的正常工作期，其特点是故障率比早期故障率小得多，且稳定，故障率几乎与时间无关，近似一个常数。通常所指的产品寿命就是指这一时期。

3）损耗故障期

损耗故障出现在产品的后期。此阶段特点刚好与早期故障期相反，故障率随工作时间增加而迅速上升。

5.4.1.2 电子产品故障分类

1）软故障与硬故障

软故障又称为渐变故障或部分故障，指元器件参数超出容差范围而造成的故障，这时元器件功能通常并没有完全丧失。软故障检修难度大，因为元器件没有完全损坏，这种元器件不容易被检测出来。

硬故障又称为突变故障或完全故障，这样的故障往往引起电路功能的完全丧失、直流电平的剧烈变化等现象。硬故障一般容易检修，因元器件损坏是一种完全损坏，损坏的元器件容易被检测出来。

2）永久性故障与间歇性故障

永久性故障是指一旦出现就长期存在的故障，在任何时刻进行检测均可检测到。永久性故障通常由元器件的永久损坏引起。

间歇性故障是指在某种特定条件下才可能出现的或随机性的、存在时间短暂的故障。由于难以把握其出现的规律与时机，这种故障不易检测。

3）单故障与多故障

若某一时刻仅有一个故障，称为单故障；若同时可能发生若干个故障，则称为多故障。电子产品一般都是单故障，同时发生多个故障的概率总是很低的，因为多个元器件同时损坏的概率很低。

5.1.4.3 元器件拆焊方法

1）烙铁拆焊方法

两端或三端引脚式，如电阻、电容、二极管、三极管等，可采用烙铁逐一加热焊盘，将引脚从焊盘孔中拔出，同时，元件本体或者其它引脚根据需要朝一定方向弯曲。若确定不再需要相关元件的情况下，可将引脚剪断，再将引脚一一拆下，这是最基本简单的拆卸方法。烙铁还可以用来拆卸尺寸不大的两侧引线的贴片元件。采用稍大的刀形或者马蹄形烙铁头，在元件两侧引脚上加足量焊锡，用两把烙铁在两侧引脚快速移动，将所有焊锡熔化，往一侧推动元件，使得引脚脱离焊盘即可。还可以用镀银线将一侧引脚全部搭接，加速热量传导，更快地使焊锡熔化。

2）吸锡器拆焊方法

通常情况下有手动吸锡器和电动吸锡器，首选电动吸锡器，电动吸锡器配备有不同规格的吸锡头，可根据焊盘和引脚大小进行选择，温度可调，且功率相对烙铁要大一些，特别适合 DIP 封装的拆卸。

使用时，可用吸锡头在每个引脚处将焊锡吸走，使得引脚与焊盘孔脱离，从而卸下元件。使用过程中，可在加热焊盘吸锡过程中，用吸头轻轻摇晃引脚，加强效果，避免少量焊锡粘连引脚腿和焊盘孔，若少量锡不易吸出，可以再添加部分焊锡，重新吸锡。多引脚的集成电路，若不能肉眼确认焊锡是否吸尽，可用镊子拨动引脚，看引脚能否自由晃动，所有引脚都能自由晃动的情况下，将原件轻轻撬起，应避免生硬的拉扯焊盘，导致焊盘脱落。

3）热风焊台拆焊方法

热风焊台可对电路板的某一区域进行加热，所以在加热区域内焊盘上的焊锡都可以熔化，焊锡熔化时，不管是插装元件还是贴片元件，都可以拆卸下来，在使用时要注意以下几点。

① 热风焊台加热电路板时，转动吹风头，先在较大区域内预热电路板，避免一开始就仅在拆焊区域加热，印制板受热不均，温差太大，发生形变或起泡损坏，预热一段时间后，再集中加热拆焊区域，转动吹风头，加热所有引脚，待焊锡熔化。

② 返修区周围有较近的其它元件时，应采用隔热胶带做好防护。防止误拆其它元件或者挪动位置。

③ 返修区域若存在敷铜，或者多层板存在内电层，在拆焊电源层和地层上连接的元件时，难度会加大，因为大面积的铜箔会极大加快热量的散失，此时应采取一定措施预热电路板，且拆卸温度、风力应适当升高。预热电路板可在烘箱内采用 50℃温度预热半小时后再实施拆卸。

5.4.2 故障分析方法

5.4.2.1 观察法

通过人们的感觉器官，即通过视觉、听觉、嗅觉、触觉来发现和查找故障部位，是检修故障的第一步。

1）了解故障发生情况

检修电子设备时，不要急于通电检查，首先应向使用者了解电子设备故障前后的使用情况（故障发生在开机时，还是工作中突然或逐渐发生的，有无冒烟、焦味、闪光、发热现象；故障前是否动过开关、旋钮、按键、插件等）及气候环境情况。

2）故障外观检查

通电前检查：检查按键、开关、旋钮放置位置是否正确；电缆、电线插头有无松动；印刷电路板铜箔有无开裂、断路、霉烂、断路、虚焊、打火痕迹，元器件有无变形、脱焊、互碰、烧焦、漏液、胀裂等现象，保险丝是否熔断或松动，电机、变压器、导线等有无焦味、断线、打火痕迹；继电器线圈是否良好、触点是否烧蚀等。

通电检查：通电前检查如果正常或排除异常现象后，使用万用表欧姆挡测量供电端子或导线的输入阻抗，排除短路风险，然后进行通电检查。通电检查时，在开机的瞬间应特别注意指示设备（如电表、指示灯、荧光屏）是否正常，机内有无冒烟、异响、打火等，断电后摸电机外壳、变压器、集成电路等是否发烫。若均正常（可使用热成像仪进行观察），即可进行测量检测。

5.4.2.2 替换法

在大致判断路故障部位后还不能确定造成故障的原因时，对某些不易判断的元器件（如电感局部断路、集成电路性能变差等），用同型号或能互换的其他型号的元器件或部件替换。

在缺少测量仪器仪表时，往往用代替法排除故障，尤其是带插座的插入式安装的元器件更是简单可行。替换的元器件应确认是好的，否则将会造成误判而走弯路；对于因过载而产生的故障，不宜用替换法，只有在确信不会再次损坏新元器件或已采取保护措施的前提下才能替换。对于故障电路上存在带插座的集成电路使用元器件代替法排除故障，但要保证电路不会对新的元器件造成损伤，要检测集成电路供电电源是否正常。

5.4.2.3 比较法

维修有故障的电子设备时，若有两台电子设备，可以用另一台好的电子设备作比较。分别测量出两台电子设备同一部位的电压、工作波形、对地电阻、元器件参数等来相互比较，可方便地判断故障部位。另外，平时多收集一些电子设备的各种数据，以便检修时作比较。

如功率放大电路均含左右两个声道，两声道的电路结构完全一样，彼此独立，对应组件在电路板上所呈现出的电阻及工作电压也几乎一致。功放电路故障一般是损坏一个声道，很少同时损坏双声道，这样，当一个声道正常而另一个声道出现故障时，就可以通过测量故障声道的组件阻值或电压值，再与正常声道的对应组件相对比来查出故障。

如图 5.52 所示，多个完全一样的模拟量采集通道输出故障，输入电压信号首先经过 R1、R2、R3 组成的分压桥分压，加到 R3 两端的电压为放大器的输入电压，C1、R1 和 C2、R2 组成的两个低通滤

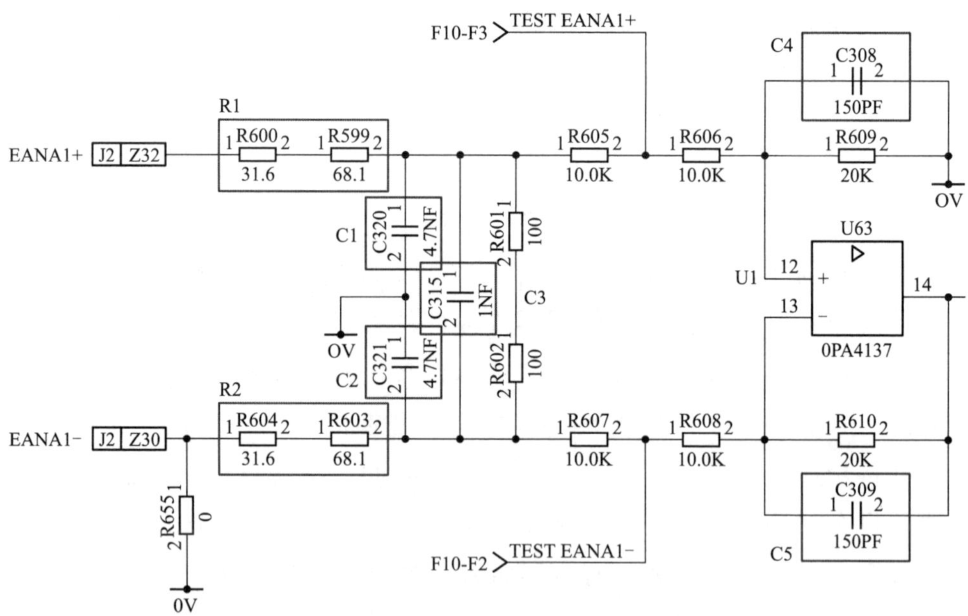

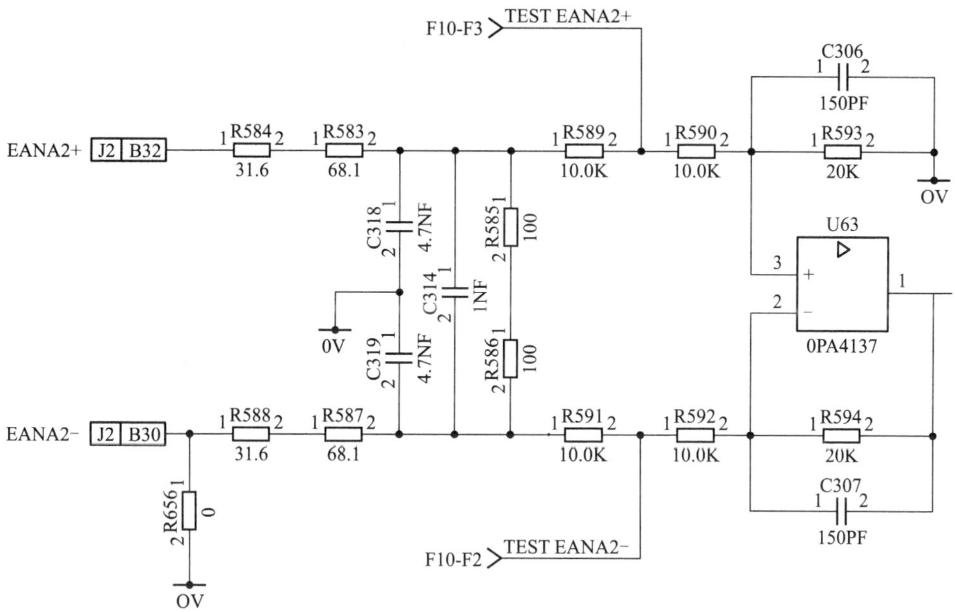

图 5.52　模拟量采集通道输出故障

波器，消除共模形式下的电磁干扰。放大器 U1 工作在差模形式，通过外部给 5V、10V 电压，上面电路测量放大器输出为 2.5V、5V，下面输出 1V 和 2V，比较其他好的产品两个通道输出都为 2.5V、5V，由此可以判定下面的通道输出故障。

5.4.2.4　隔离法

隔离法是指将某一单元、负载电路或某只元件开路，然后通过检测电阻、电流、电压的方法，来判断故障范围或故障点。

隔离法适用于各部分既能独立工作，又可能相互影响的电路（如多负载并联排列电路、分叉电路）。可将某电路各部分一个一个地断开，一步一步地去缩小故障范围。比如当电源出现短路击穿等故障时，运用隔离法，可以逐步缩小故障范围，最终找到故障部位。尤其对于一些电流大的故障，无法开机或只能短时间开机检查，运用此法检查比较合适，可获得安全、直观、快捷的检修效果。隔离法常用于电源烧保险的故障检查，只要将负载电路逐一断开，就可以迅速找到短路性故障发生的部位，还能有效地区分故障是来源于负载电路还是电源电路本身。通常逐步断开某条支路的电源连线或切断电路板负载的连接铜箔，直至发现造成电流增大的局部电路为止。在电路中若发现某处电压突降时，也可逐一断开有关元件加以检测，但必须熟悉此处电路原理，视其是否可以断开而定。

如图 5.53 所示，当电路发生电源短路时，首先断开 B 点，把后端供电隔离开，排除 3.3V 供电短路，如果断开 B 点后短路解除，则短路发生在 3.3V 供电元器件间，再分别隔离 3.3V 供电的电容和芯片来排除故障元器件。若隔离 B 点故障依然存在，则断开 A 点，如果故障排除，故障元器件就是 VR26，如果故障依旧存在则分别隔离前端 5V 供电元器件。

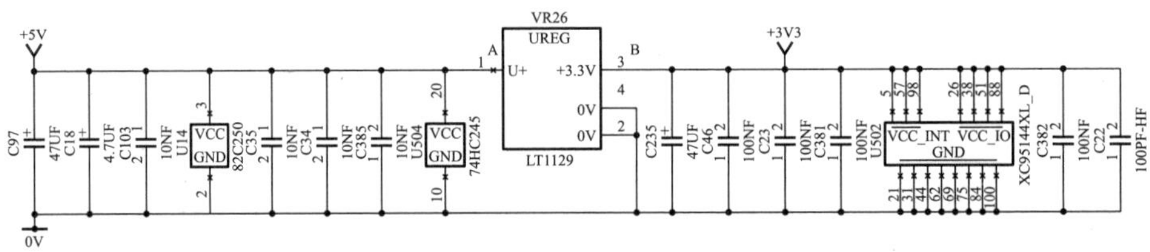

图 5.53　供电电源电路

5.4.2.5　干扰法

主要检查电子设备在输入适当的信号时才能表现出来的故障。方法是用镊子、螺丝刀、万用表等简单工具碰触某部分电路的输入端，利用人体感应、触碰中杂波或万用表欧姆挡输出的微弱电流作为干扰信号，输入到各级电路；或用短路法使晶体管基极对地（连续或瞬间）断路，在给电路输入端加入这些干扰信号的同时，可使用万用表或示波器在电路输出端进行测量，注意荧光屏上是否有噪波干扰、喇叭中是否有噪声干扰，以判断检查部位能否传输信号来判断故障部位。

第一种方法：用万用表 R×1k 挡，红表笔接地，用黑表笔点击（触击）放大电路的输入端。黑表笔在快速点击过程中会产生一系列干扰脉冲信号，这些干扰信号的频率成分较丰富，它有基波和谐波分量。如果干扰信号的频率成分中有一小部分的频率被放大器放大，那么经放大后的干扰信号同样会传输到电路的输出端，然后根据输出端的反应来判断故障的部位。

第二种方法：用手拿着小螺钉旋具、镊子的金属部分，去点击（触击）放大电路的输入端。它是由人体感应所产生的瞬间丁扰信号送到放大器的输入端。

如图 5.54 所示，音频放大电路在缺少仪器的时候，可用镊子、螺丝刀、万用表等简单工具碰触某部分电路的输入端（A 或 B)，利用人体感应、触碰中杂波或万用表欧姆挡输出的微弱电流作为干扰信号，然后听输出喇叭是否有杂音来判定电路是否正常。

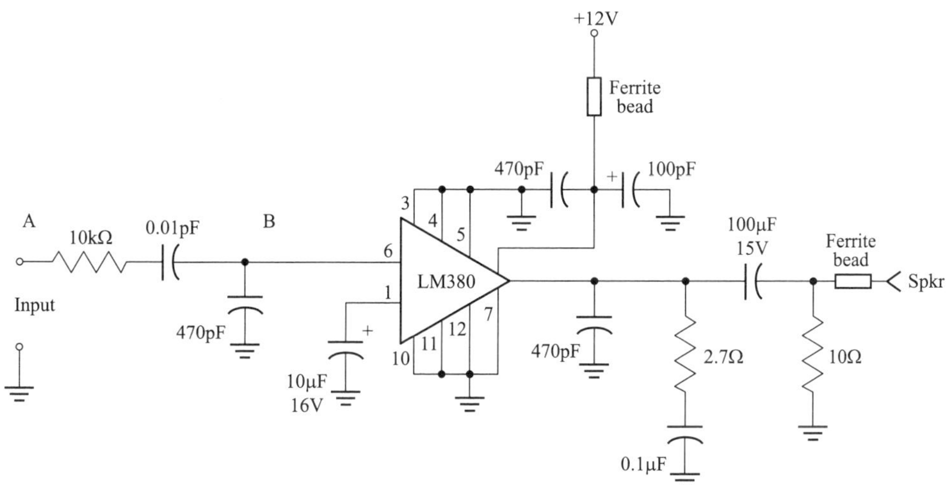

图 5.54　音频放大电路

5.4.2.6　寻迹法

寻迹法又称信号追踪法，用示波器、逻辑探头或万用表，按信号流程选择正确的检测点，检测电阻、电压、电流、信号波形、逻辑电平等是否正常。测试要点：由不正常的检测点开始沿信号通路往回测试，先大范围寻找故障源，再小范围仔细测试（对于串联电路，可以从中间插入进行检测）。

如图 5.55 所示，方波和锯齿波电压发生器电路，首先断开反馈

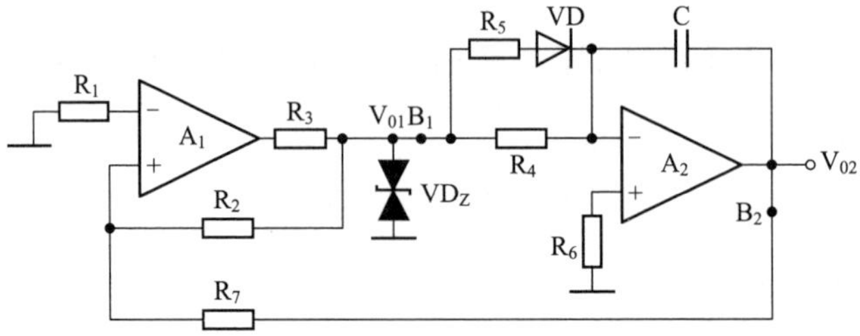

图 5.55　方波和锯齿波电压发生器电路

电路，然后再接入一适当的输入信号，利用寻迹法逐一寻找发生故障的元器件。图中所示放大器 A_1 的输出作为 A_2 的输入，A_2 的输出又作为 A_1 的输入，所以无论 A_1 组成的过零比较器或 A_2 组成的积分器发生故障都会导致 V_{01}、V_{02} 无输出波形。寻迹法是断开反馈回路中的点 B_1 或者点 B_2，假设断开 B_2 点，并从 B_2 与 R_7 连线端输入一适当幅值的锯齿波，用示波器观测 V_{01} 输出波形为方波，V_{01} 输出波形应为锯齿波，如果 V_{01}（或 V_{02}）没有波形或波形异常，则故障就发生在 A_1 组成的过零比较器（或 A_2 组成的积分器）电路上。

5.4.2.7　电阻测量法

电阻测量法在设备不通电状态下进行，是利用万用表欧姆挡测量电路中各点对地电阻值，以及各元器件自身的电阻值来判断故障的一种检修方法。此方法适合检查保险丝熔断，设备内有冒烟，元器件温度过高，有异常气味等过负荷故障。

电阻测量法有“在线”电阻值测量和“脱焊”电阻值测量两种方法。“在线”电阻值测量时，由于被测元器件接在整个电路之中，所以万用表所测得的阻值受到其他并联支路的影响，在分析测试结果时应给予考虑，以免误判。“脱焊”电阻值测量时，应先将被测元器件一端或整个元器件从印刷电路板上脱焊下来，再用万用表测量其阻值。“脱焊”电阻值测量方法操作起来比较麻烦，但测量的结果准确、可靠。

电阻测量法注意事项：

① 测量与其他电路有联系的元器件或电路时，需注意电路的并

联效应，必要时断开被测电路一端测量；

② 测量回路中有电表表头时，应将表头短路，以免损坏表头；

③ 若被测电路中有大电容时，应首先放电；

④ 根据被测电阻阻值的大小，应选用适当量程；

⑤ 电机、变压器的绝缘测量应采用兆欧表。

如图 5.56 所示数字量输入电路，当输入端 IN1_P 和 IN1_N 之间施加正向电压时，输出端 IN1 无电平翻转，首先使用万用表分别测量该电路上的电阻值，测量电阻 RSS1 阻值为 27kΩ，根据原理图该元件应为 6kΩ，所以判定该元件损坏。

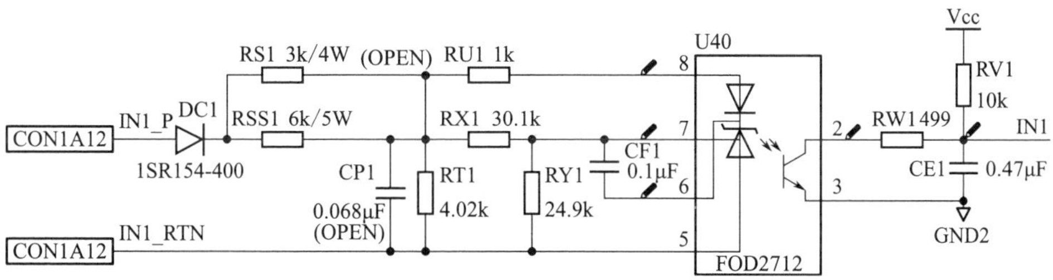

图 5.56　数字量输入电路

5.4.2.8 电压测量法

电压检查法是运用万用表的电压挡测量电路中关键点的电压或电路中元器件的工作电压，并与正常值进行比较来判断故障电路的一种检测方法。因为电子电路有了故障以后，它最明显的特征是相关的电压会发生变化，因此测量电路中的电压是查找故障时最基本、最常用的一种方法。

电压测量主要用于检测各个电子电路的电源电压、晶体管的各电极电压、集成电路各引脚电压及显示器件各电极电压等。测得的电压值是反映电子电路实际工作状态的重要数据。如测得某个放大电路中三极管三个电极的工作电压偏离正常值很大，那么这一级放大电路肯定有故障，应及时查出故障原因。又如测得某个放大电路中三极管三个电极无工作电压，那么在故障检修时应先找出无电源电压的原因，先予以排除。电压检测法主要是进行直流电压的测量，而交流电压的测量主要是检测交流电源的电压。

电压测量法注意事项：

① 正确选择参考点，一般情况下参考点是以地为标准，但某些特殊电路的电源负端、正端都不接地，参考点应以该局部电路的电源负端为参考点；

② 注意电路的并联效应及电表对电路的影响，有时某一元器件电压失常，并不一定是这个元器件损坏，有可能是相邻元器件发生故障引起。

如图 5.57 所示温度采集电路，电路板上电后测量输入端 CH0_P 与 CH0_N 之间无恒流源输出，首先验证放大器供电电源和 VBD 电源电压，经测量发现 VBD 电源无电压导致恒流源无输出，以对 VBD 电源供电电路进行维修。

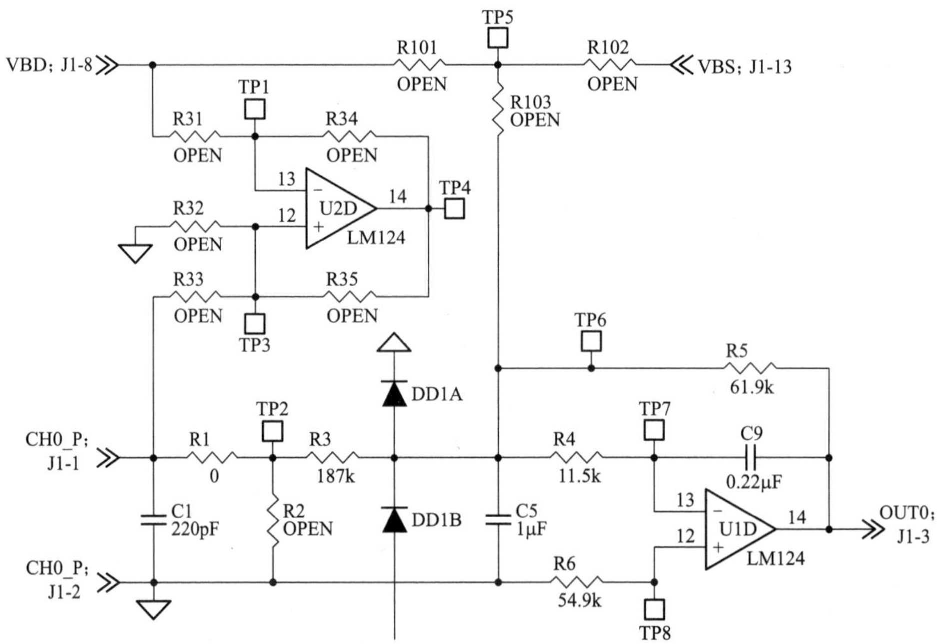

图 5.57　温度采集电路

5.4.2.9　电流测量法

电流测量法主要测量电子设备整机工作电流或某一电路中的工作

电流。电流检查往往比电阻检查更能反映出各电路静态工作是否正常。测量整机工作电流时，须将电路断开（或取下直流保险丝），将万用表电流挡（选择最大量程）串入电路中（应将万用表接好后再通电）；另外，还可以测量电子设备插孔电流、晶体管和集成电流的工作电流、电源负载电流、电容器漏电流、空载变压器电流、负载继电器动作电流等。电流测量法测量时必须预选好量程，防止量程过小而损坏电表。

5.4.2.10 波形测量法

波形测量法用示波器测试电路中信号的波形，与用万用表测试电路中的电流、电压和电阻一样，都是通过测试电路信号的参数来寻找电路故障原因。信号波形参数形象地反映了信号电压随时间变化的轨迹，从中可以读出信号的频率（周期）、不同时段的电压、相位等。应用示波器对故障点进行检测具有准确而迅速的特点。为能确定故障发生在哪一个电路或哪两个测试点之间的电路中，往往在采用示波器检测法的同时，再与信号源配合使用，就可以进行跟踪测量，即按照信号的流程逐级跟踪测量信号，这样就可较迅速地发现故障所在部位。

在查找电路故障中，凡是有交流信号的地方都可以使用示波器观察信号的各项参数。例如频率（周期）、电压电流的幅度、信号的失真、脉冲信号前后沿变化及幅度等，这些参数的变化或异常，是用万用表无法测试的。又如电路产生自激振荡或异常干扰、电源滤波不良导致纹波干扰（如电视机中的交流声、图像上的黑白条纹干扰）、元器件的不稳定或失效（如电位器接触不良、瓷片电容无规律漏电、PN 结软击穿、电解电容的容量减少）等所产生的故障，这些也都是用万用表无法准确判断或无法分析的。

① 波形的有无和形状。电子线路中一般电路各点波形的形状是确定的，测量时要注意测试点波形的形状和幅值。如果没有波形或波形形状相差较大，则故障发生于该电路的可能性较大。

② 波形参数。用示波器测量波形的幅值、周期、前后沿相位等

参数，并与正常工作时的波形参数进行对照，分析故障的部位及产生的原因。

③ 波形失真。波形失真通常是由电路参数变化、元器件性能改变或元器件损坏而引起的。通过观测波形和分析电路可以确定导致故障产生的单元电路或元器件。

波形测量法注意事项：

① 选择公共点作为示波器地线，地线必须接触良好，否则波形不稳或看不到波形；

② 被测设备的地线必须是“冷”地（即与电网是隔离的）；

③ 示波器探头输入阻抗要高，否则对被测电路有影响；

④ 示波器输入信号应在量程范围内，否则易损坏示波器。

如图 5.58 所示，开关电源电路，L 和 N 为交流输入，通过整流器整流，电容滤波形成直流电压，该电压进入高频变换器被转换成所需电压值的方波，最后再将这个方波电压经整流滤波变为所需要的直流电压。当电路出现故障时可使用示波器对输入电压波形、输出电压

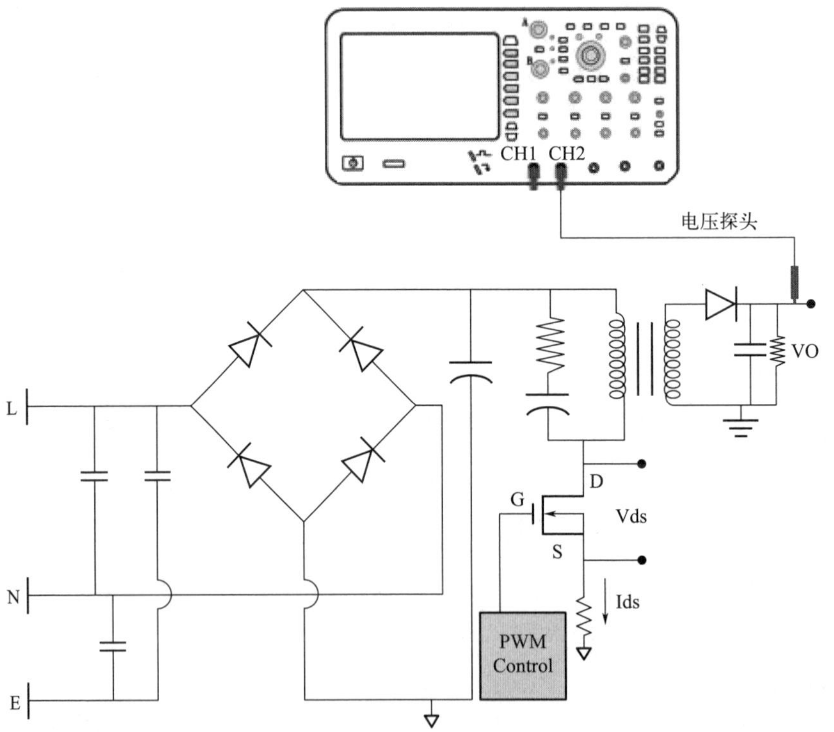

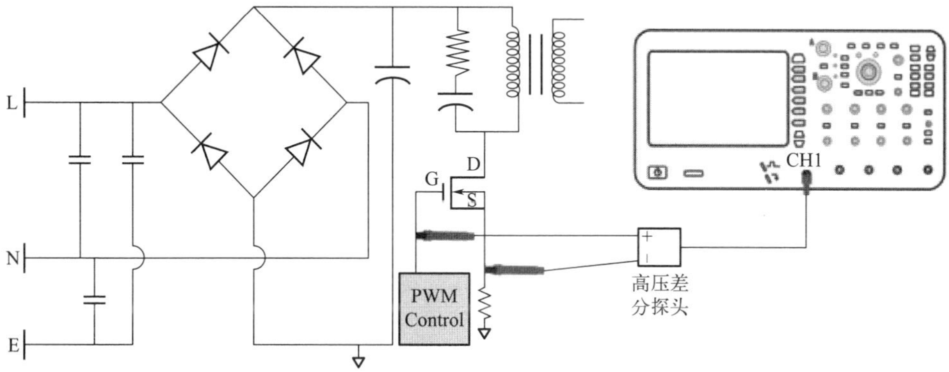

图 5.58　开关电源电路

波形、PWM 控制器输出波形、高频变换器波形等进行故障排除。

5.4.2.11　升降温法

使用风扇、热风枪或温度气候变化箱改变电子产品的工作温度，模拟产品的实际使用环境下进行测试测量。必要时可将温度升降至产品设计临界温度来暴露一些无规律的故障现象。

5.4.2.12　老化法

一些无规律故障在正常性能测试时是正常的，我们需对产品进行老化冲击试验，通过多次反复通断电来采集电子产品的参数进行分析，进而排除无规律故障。

5.4.2.13　边缘校验法

对于一些无规律故障的产品的供电电源、输入信号及负载设置为最大或最小（标称值的极限范围）进行调节测试，来复现出无规律故障。

5.4.2.14　故障字典法

把一组典型的测量特征值和故障值以一定的表格形式存放，通过比较测量值和特征值，判断故障。先用计算机对电路正常状态和所有硬故障状态模拟，建立故障字典。然后对端口测试进行分析，以识别故障，即将选定节点上测出的电压与故障字典中电压比较，运用某些隔离算法查出对应故障。

故障字典法对于模拟电路和数字电路故障诊断具有很大的实用价值，但字典法只能解决单故障诊断，多故障的组合数大，在实际中很难实现。

5.4.2.15 故障树法

故障树诊断法就是对可能造成系统失效的各种因素（包括硬件、软件、环境、人为因素）进行分析，画出逻辑框图，即故障树，从故障树的顶事件进行搜索从而找出故障原因的方法。故障树表达了系统内在联系，并指出元部件故障与系统之间的逻辑关系。

故障树诊断直观、灵活、通用，但建树工作量大，繁琐易错，对诊断故障空间较小的问题比较合适。

5.4.3 元器件更换过程

5.4.3.1 元器件拆卸

① SMT 元器件烙铁拆卸过程如表 5.7 所示。

表 5.7 SMT 元器件烙铁拆卸过程

	1. 去除均匀绝缘涂层（如有）清洁工作面的污物、氧化物、残留物或助焊剂。 2. 加热使烙铁温度升至大约315℃（根据实际需要设置）。 3. 往所有焊点涂覆助焊剂（任选）。 4. 向元件两侧引脚上加锡，使焊锡能够覆盖到所有引脚。 5. 用烙铁快速融化元件两侧引脚上的焊锡

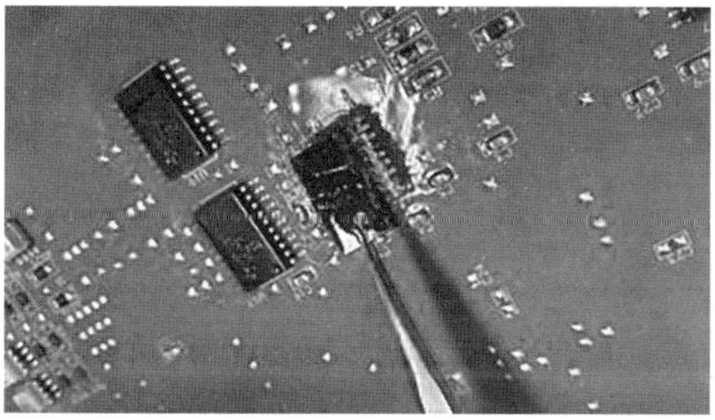	6. 使用镊子快速移开元件
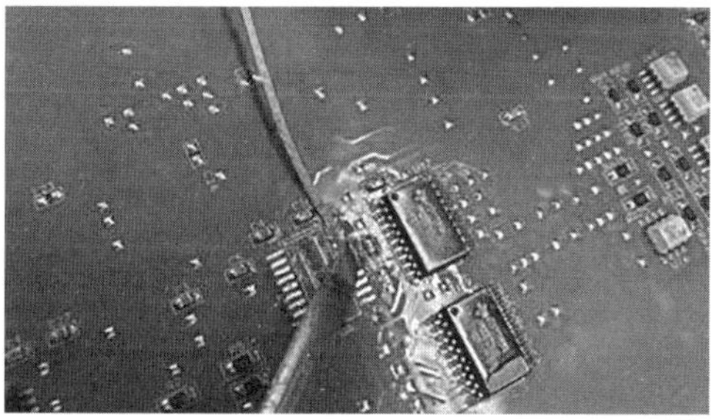	7. 使用吸锡线(或铜丝)吸走焊盘上的残锡
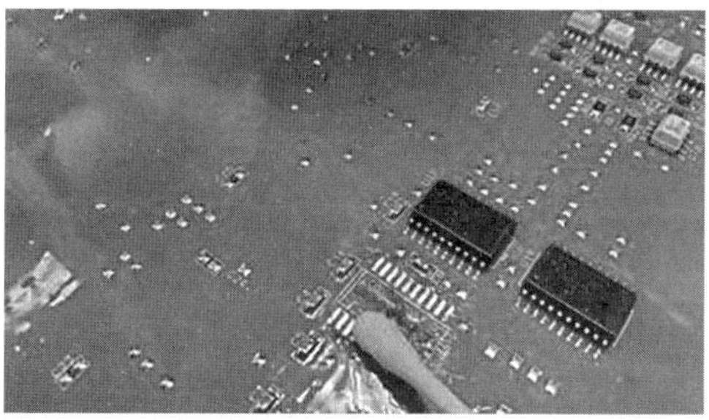	8. 使用酒精或异丙醇来清洁焊盘

② 通孔元器件烙铁拆卸过程如表 5.8 所示。

表 5.8 通孔元器件烙铁拆卸过程

	1. 去除均匀绝缘涂层(如有)清洁工作面的污物、氧化物、残留物或助焊剂。 2. 加热使烙铁温度升至大约 315℃(根据实际需要设置)。 3. 往所有焊点涂覆助焊剂(任选)。 4. 使用烙铁融化插装元件的焊锡

续表

<table>
<tr><td>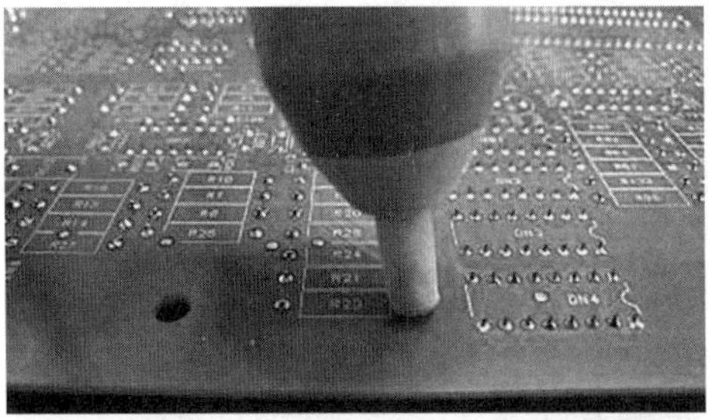</td><td>5. 确定所接触的引脚前后焊点上的锡完全熔化。
6. 针对方扁平引脚，移动引脚；针对圆形引脚，圆周转动引脚，当引脚连续移动时，使用真空将焊锡脱离焊点。
7. 使用吸锡泵吸走融化的焊锡。
8. 对所有焊点重复以上步骤</td></tr>
<tr><td></td><td>9. 活动引脚并拆除元件</td></tr>
<tr><td></td><td>10. 使用吸锡泵或吸锡线清理焊盘</td></tr>
<tr><td></td><td>11. 使用酒精或异丙醇清洁焊盘，为元件重置做好准备</td></tr>
<tr><td>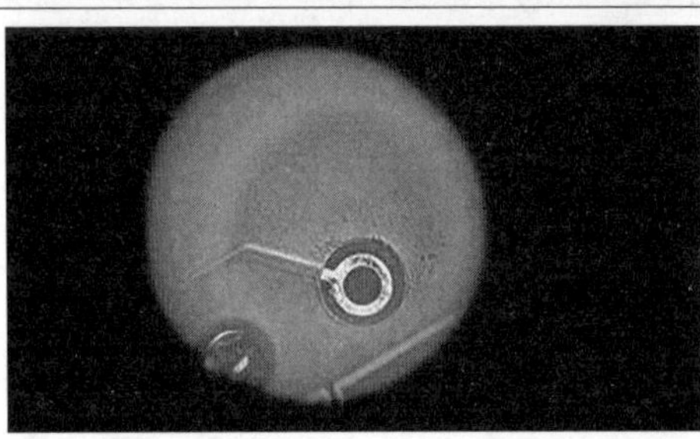</td><td>12. 检查孔内壁和焊盘质量</td></tr>
</table>

5.4.3.2 元器件安装

① SMT 元器件安装过程如表 5.9 所示。

表 5.9 SMT 元器件安装过程

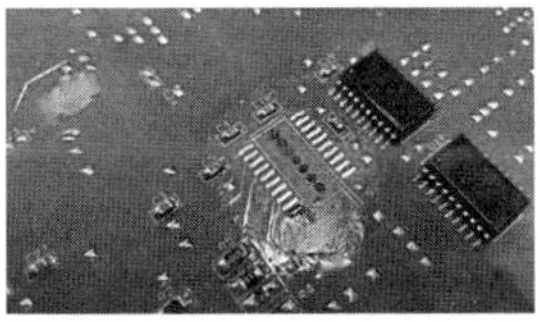	1. 在清洁好的焊盘上加锡		2. 放置元器件并对齐引脚与焊盘
	3. 涂抹助焊剂		4. 加热使烙铁温度升至大约315℃(根据实际需要设置),焊接引脚
	5. 使用酒精或异丙醇清洁焊盘和元件	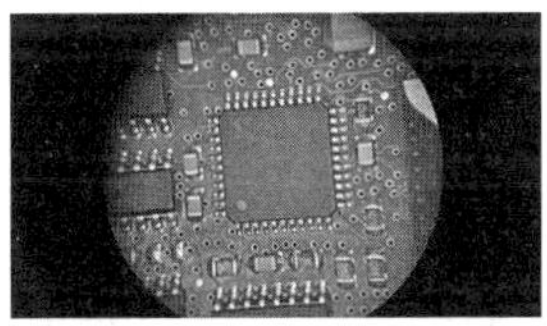	6. 检查元件焊接质量
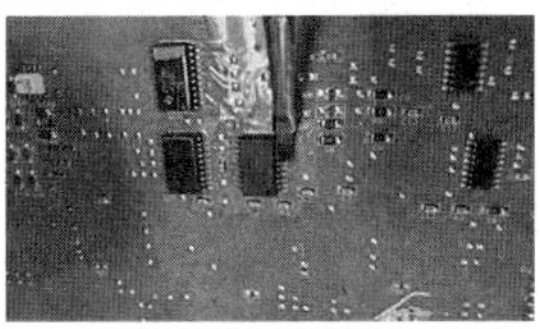	7. 涂敷三防漆(如需要)		8. 在紫外灯下检查三防漆涂敷质量

② 通孔元器件安装过程如表 5.10 所示。

表 5.10 通孔元器件安装过程

	1. 安装元件,注意元器件极性		2. 加热使烙铁温度升至大约 315℃(根据实际需要设置),进行焊接
	3. 使用酒精或异丙醇清洁		4. 检查焊接质量

5.4.4 维修案例

我们以电力机车辅助控制单元维修为例，根据问→检→测→析→修→重检→重测的维修顺序，对故障产品进行检查维修。

1）问

问就是信息收集，指的是我们向使用者了解设备故障前后的使用情况（故障发生时的现象，有无故障数据等）及气候等环境情况。通过故障记录描述该设备工作时系统显示蓄电池电压为 0V DC，当时温度 47℃，湿度 58%。

2）检

检包含外观检查和通电检查。

（1）外观检查　检查产品外观，检查印刷电路板铜箔有无断裂、短路、霉变、断路、虚焊、打火痕迹，元器件有无变形、脱焊、互碰、烧焦、漏液、膨胀等现象。

通过外观检查发现采样电阻变形，如图 5.59 所示，对变形器件进行整理，经测量电阻数值正常，未发现破损，并不影响功能，排除外观损伤，需进一步分析。

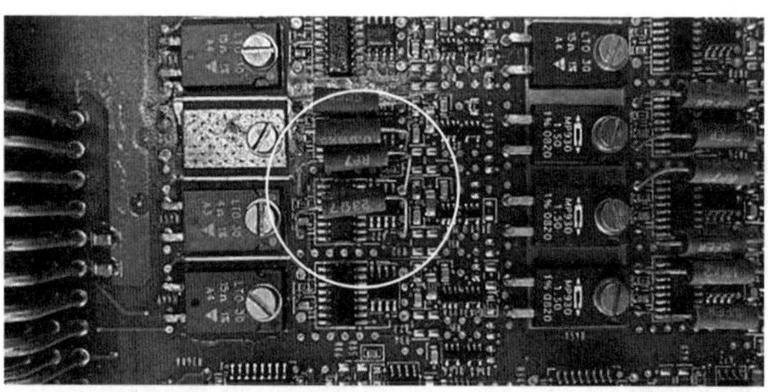

图 5.59　外观检查发现采样电阻变形

（2）通电检查　通电检查使用万用表欧姆挡测量供电端子或导线的输入阻抗（大于 10kΩ），排除短路风险；将电源调节至产品输入额定电压 110V DC，电源限制电流上限 2A，然后进行通电检查。通电检查时，在开机的瞬间应特别注意电源电流和设备指示灯是否正常，如出现电流超限、电压降低、指示灯不亮或异响、异味等现象应立即关断电源输出。

如图 5.60 所示，通电检查发现，指示灯显示正常，该设备可正常启动，接下来需要进行功能测试。

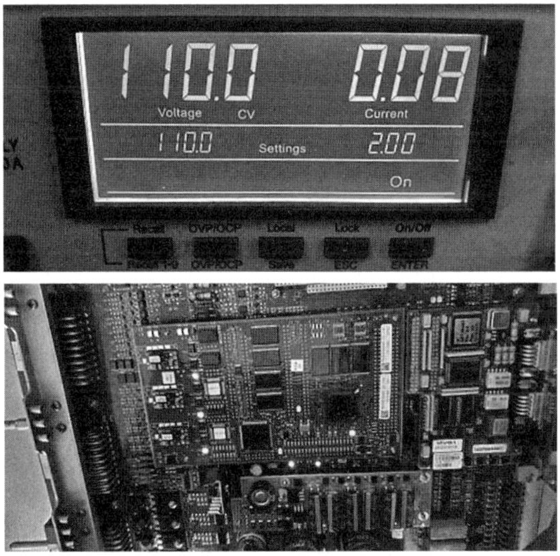

图 5.60　通电检查发现指示灯显示正常

3）测

测就是功能测试，指的是将故障设备连接至专用测试设备进行测量，测试完成记录测试信息。

如图 5.61 所示，根据功能测试结果显示，AIN1 模拟量输入通道故障，无反馈数值。测试完成后要填写测试记录和故障报告。

4）析

析就是故障分析。

（1）干扰法　如图 5.62 所示，使用万用表二极管挡位，黑表笔接地，红色表笔分别接到 AIN0（对比使用）、AIN1 放大器输入端，观察反馈数值。

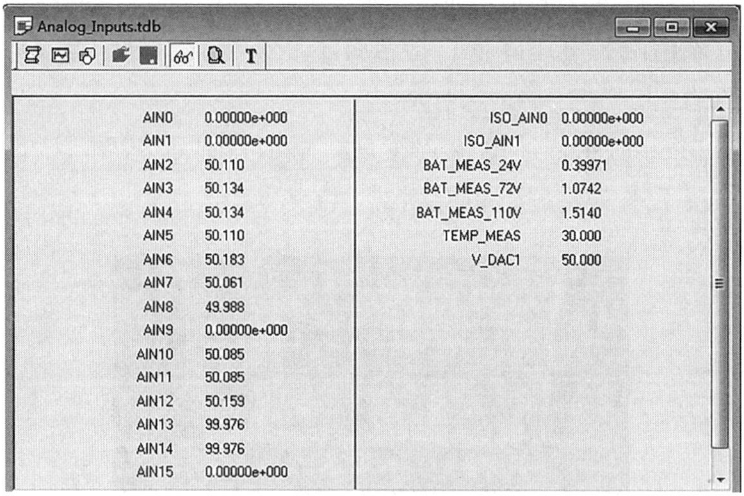

图 5.61　功能测试结果显示

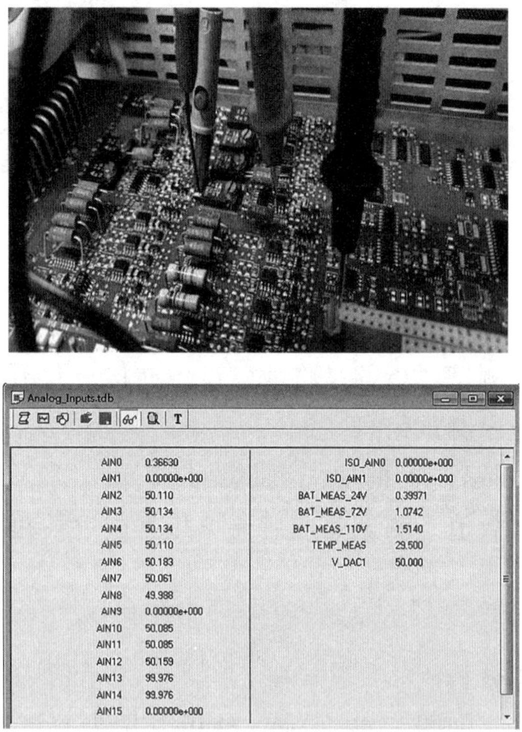

图 5.62　使用万用表进行干扰测试

通过干扰法测试发现 AIN0 通道有反馈值，AIN1 通道没有，因此通过 AIN 通道原理图，如图 5.63 所示，可以判定 AIN0、AIN1 通道供电、偏执信号和控制单元（FPGA、DSP）无问题，问题点出现在 AIN1 采样、放大和 AD 转换电路上。

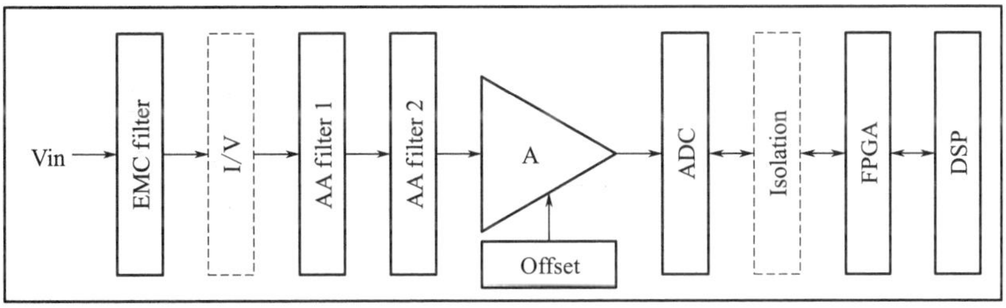

图 5.63　AIN 通道逻辑

（2）波形法　如图 5.64 所示，通过给 AIN1 通道施加 100Hz\1Vpp 正弦波信号，测量得到放大器前端、后端信号，如图 5.65、图 5.66 所示。

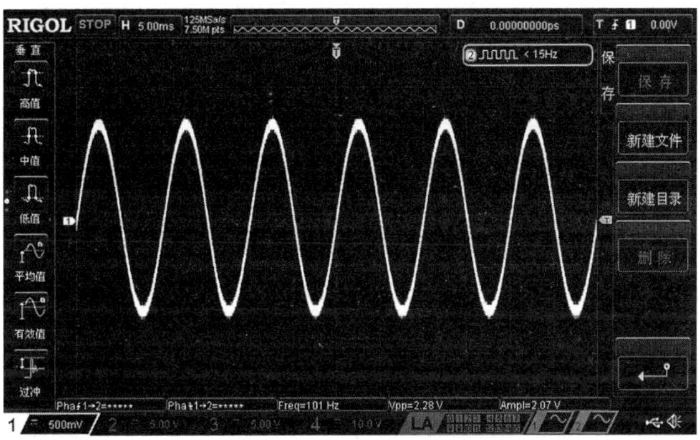

图 5.64　给 AIN1 通道施加 100Hz\1Vpp 正弦波信号

通过给 AIN1 通道施加信号，经测量放大器输出信号严重失真，由此可以判定放大电路出现故障。

（3）电阻法　通过电阻法对 AIN1 通道放大电路（见图 5.67）的采样电阻、反馈电阻等进行测量，测量电阻包括 R451、R307、RR15、R176、R32、R33、R674，经测量电阻都正常。

经以上步骤分析可以基本判定放大器 OPA340 芯片存在故障。

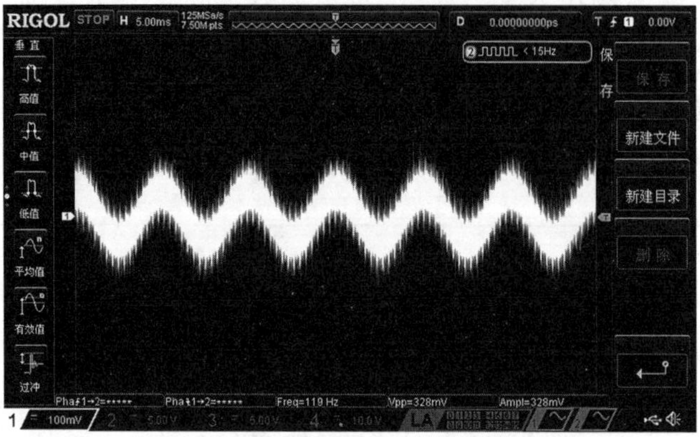

图 5.65　放大器前端波形

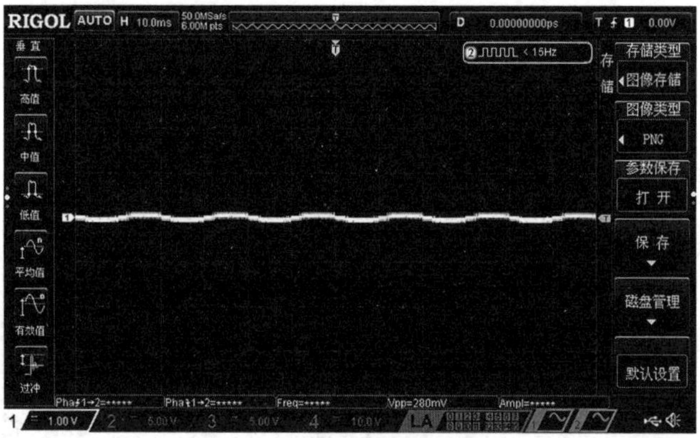

图 5.66　放大器后端波形

5）修

修就是使用电烙铁或热风枪进行元器件拆焊，完成更换元器件，如图 5.68 所示，整个过程中注意保护周围其他元器件，更换元器件后要进行清洁。

6）重检

重检就是修完之后的外观检查，如图 5.69 所示，在显微镜下观察引脚是否焊接良好。

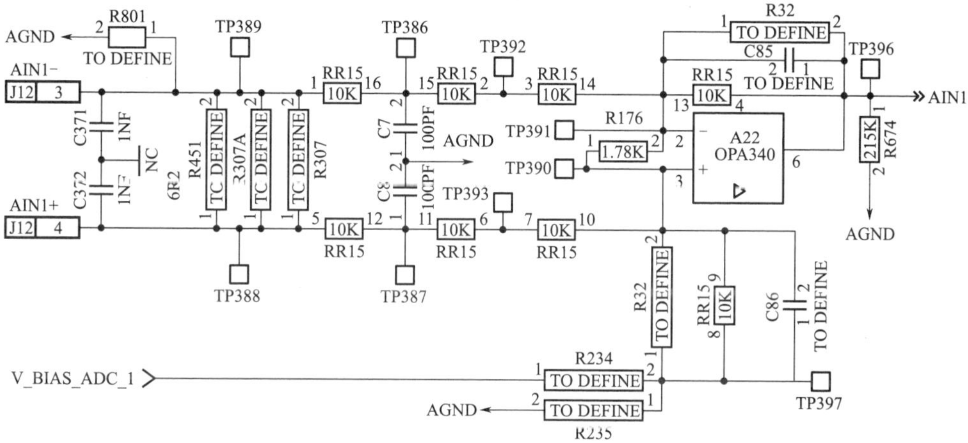

图 5.67 AIN1 通道放大电路

图 5.68 更换元器件

图 5.69 显微镜下观察引脚是否焊接良好

7）重测

重测就是对设备重新进行功能测试，如图 5.70 所示，AIN1 通道已恢复功能，并参数准确，该设备已修复可用。

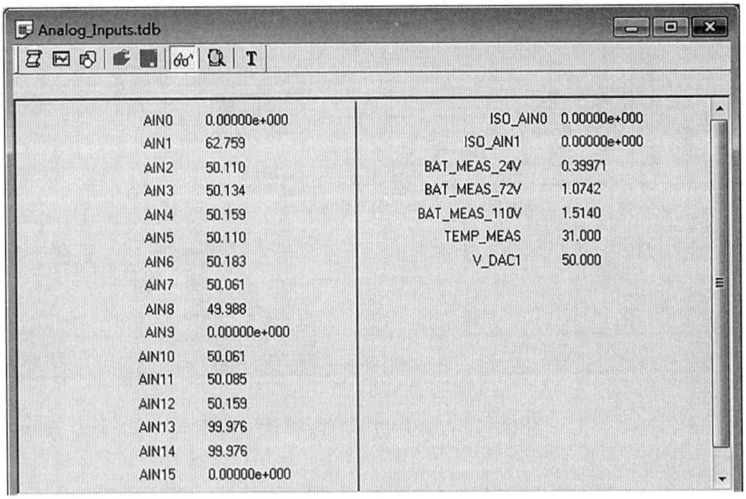

图 5.70　重测显示 AIN1 通道已恢复功能

重测完成后填写测试记录和维修记录，同时建立维修档案，方便以后同类故障的快速排除。

参考文献

[1] [美] Peter Van Zant. 芯片制造——半导体工艺制程实用教程. 北京: 电子工业出版社, 2021.

[2] 周斌, 恩云飞, 陈思. 集成电路封装可靠性技术. 北京: 电子工业出版社, 2023.

[3] 杜中一. 集成电路制造技术. 北京: 化学工业出版社, 2016.

[4] 卢静, 马岗强, 徐雪刚. 集成电路封装与测试. 北京: 高等教育出版社, 2024.

[5] 陈译, 陈铖颖, 张宏怡. 芯片制造. 北京: 机械工业出版社, 2022.

[6] 刘秀琼. 多晶硅生产技术. 北京: 化学工业出版社, 2019.

[7] 杜中一. 表面组装技术(SMT). 北京: 化学工业出版社, 2021.